Mohamed Abdel-Raheem
Ahmed Mohamed Ezzat Abd El-Salam

Bionomia e controlo das pragas dos citrinos no Egito

Mohamed Abdel-Raheem
Ahmed Mohamed Ezzat Abd El-Salam

Bionomia e controlo das pragas dos citrinos no Egito

ScienciaScripts

Imprint
Any brand names and product names mentioned in this book are subject to trademark, brand or patent protection and are trademarks or registered trademarks of their respective holders. The use of brand names, product names, common names, trade names, product descriptions etc. even without a particular marking in this work is in no way to be construed to mean that such names may be regarded as unrestricted in respect of trademark and brand protection legislation and could thus be used by anyone.

Cover image: www.ingimage.com

This book is a translation from the original published under ISBN 978-3-659-85262-6.

Publisher:
Sciencia Scripts
is a trademark of
Dodo Books Indian Ocean Ltd. and OmniScriptum S.R.L publishing group

120 High Road, East Finchley, London, N2 9ED, United Kingdom
Str. Armeneasca 28/1, office 1, Chisinau MD-2012, Republic of Moldova, Europe
Managing Directors: Ieva Konstantinova, Victoria Ursu
info@omniscriptum.com

Printed at: see last page
ISBN: 978-620-8-36850-0

Conteúdo

Introdução

Os citrinos são uma das culturas mais importantes, tanto para consumo local como para exportação. Ocupa uma grande parte da exportação devido às suas boas qualidades e aos períodos de disponibilidade para os mercados de exportação.

Os citrinos, devido ao seu atrativo, bom gosto e valor nutritivo, ganharam popularidade entre as pessoas de todo o mundo. As árvores de certas variedades *de citrinos* são atraentes por si só e têm sido utilizadas em paisagismo ornamental. As folhas de determinadas variedades são utilizadas como especiaria, nomeadamente em pratos de frango e, em algumas culturas, a casca é utilizada para fins medicinais. Os citrinos são principalmente consumidos pelos seres humanos como fruta fresca ou sumo processado, fresco, refrigerado ou concentrado.

Calcula-se que cerca de 140 países cultivam citrinos e o FAOSTATE, (2008) estimou uma área total colhida de 8.322.605 ha para 2007 (Vacante, 2010).

No Egito, os citrinos, principalmente as laranjas, que representam 85 % da produção total de citrinos, constituem 50 % da produção total de frutos. A área de plantação de frutos aumentou nas últimas três décadas, atingindo cerca de 200 302 feddans. No Egito, são também cultivados outros frutos subtropicais, incluindo uvas, frutos de caroço e frutos de pomóideas (EI-Sherif, 2010).

Nos continentes americanos, os principais países produtores são o Brasil (915.056ha), o México (524.000ha), os EUA (376.050ha) e a Argentina (148.500ha), onde são cultivadas laranjas, limões, toranjas e várias áreas de tangerinas.

Na Ásia, a China possui a maior área colhida do mundo (2 008 700ha) com diferentes variedades de citrinos e, em particular, tangerinas e pomelos, seguida pela Índia (690 100ha), Irão (243 500ha), Paquistão (192 700ha), Tailândia (97 600ha), Iraque (68 750ha) e Japão (64 730ha), onde são produzidas laranjas, toranjas, tangerinas, limões, limas e outras espécies de citrinos.

Em África, a Nigéria tem a maior área de cultivo de citrinos (732.000ha), seguida do Egito (137.370ha), Marrocos (79.300ha) e África do Sul (69.980ha), onde se cultivam laranja, limão, tangerina, toranja e lima.

Na região mediterrânica, a Espanha é o principal produtor (313.850ha), seguida da Itália (173.009ha), Turquia (94.600ha), Grécia (57.250ha) e Israel (18.965ha). Nesta zona, os citrinos mais comuns são a laranja, o limão, a toranja e a tangerina; outros citrinos como a lima, o limão, a bergamota e a laranja amarga têm uma distribuição localizada (Vacante, 2010).

A produção mundial total de citrinos foi, em média, de 69,4 milhões de toneladas/ano entre 2000 e 2003, inclusive (Vacante, 2010). *O género Citrus* inclui vários frutos importantes (Kale e Adsule,

1995), sendo os mais importantes a nível mundial a laranja doce (*C.sinensis*: 67,8% da produção mundial de citrinos, a tangerina (*C. reticulata*: 17,9%), o limão (*C. limon*: 6,3%) e a toranja (*C. paradisi*: 5,0%). Os géneros de citrinos menores, que constituem a maior parte dos restantes 3,0%, incluem a laranja azeda (*C. quarantium*), o sável (*C.grandis*), a cidra (*C. medica*) e a lima (*C. aurantifolia*). Cerca de 24% da produção mundial de citrinos encontra-se nos países mediterrânicos de Espanha, Itália, Grécia, Egito, Turquia e Marrocos, sendo o Brasil (24%) e os EUA (21%) os principais países produtores individuais de citrinos.

- A indústria dos citrinos no Egito.

Os citrinos são um dos principais produtos de exportação do Egito. A área total cultivada com citrinos é de cerca de 222 302 ha e a produção total está estimada em 2 149 349 toneladas/ano. O volume médio de citrinos exportados para vários países durante 1997-2000 variou entre 205 800 e 210 500 toneladas.

As principais variedades de citrinos cultivadas no Egito são a Laranja Baladi, a Laranja Valência, a Laranja Sanguínea, a Laranja Umbigo, a Laranja Jaffa, a Laranja Youssuf Soleiman, a Laranja Doce (Succart ou Sukhary), a Laranja Khalily, a Laranja Azeda, o Limão Egípcio, a Toranja Ducan e as limas. Existem também pequenas áreas de outros citrinos, como a toranja (CAB International, 2000).

*Áreas de produção de citrinos no Egito.

Os citrinos são cultivados ao longo do vale do rio Nilo em quatro zonas: Delta, Terras Novas (Sharkia, Ismailia e Behera), Alto Egito e Médio Egito (quadro 1).

Tabela (1): Distribuição dos pomares de citrinos no Egito

Delta	Novas terras (Sharkia, Ismailia e Behara)	Médio Egito	Alto Egito
Umbigo de Washington	Umbigo de Washington	Baladi (com sementes)	Baladi (sem sementes/com sementes), Youssuf
Limas, Baladi(sementes)	Baladi (com sementes)	Youssuf, Limas	Limas, toranjas
Valência, Youssuf	Youssuf mandarim	Toranja	Limão
Laranja doce	Frutos de uva	Valência	
Limão	Valência, Limão	Limão	

As zonas de produção para exportação situam-se em 12 províncias, nomeadamente Ismaillia, Sharkia, Gharbia, El-Behera, El-Monufia, El-Kalubia, El-Nubaria, Giza, El-Faium, Beni Suef, El-Minya e

Assuit (Anon, 2001).

A produção de laranja representa cerca de 70% da produção total de citrinos no Egito. Aproximadamente 80% da produção total de laranja no Egito é produzida em grandes explorações (6,6-66 ha) e 20% em pequenas explorações (0,6-6,6 ha). São produzidas no Egito três variedades principais de laranjas: Navel, Valência e Baladi. Existem dois tipos de laranjas Navel: uma variedade de maturação precoce e uma variedade de maturação tardia. As laranjas Navel precoces são maioritariamente consumidas no país, enquanto as tardias são principalmente exportadas. A Valência é uma variedade de maturação tardia com sumo de alta qualidade. A Baladi é utilizada principalmente para sumo.

A área total de laranja em 2008 foi estimada em 147 000 ha, em comparação com 110 000 hectares em 2007. A produção total de laranja em 2008 aumentou para cerca de 3,5 milhões de toneladas, em comparação com 2,7 milhões de toneladas em 2007. O aumento da produção de laranja deveu-se principalmente ao aumento do número de árvores produtivas. Para a época de 2009, prevê-se que tanto a área como a produção aumentem. Este aumento esperado na produção deve-se ao aumento do número de árvores produtivas e também à ausência esperada de ventos fortes que normalmente causam danos à frutificação.

Todos os pomares de citrinos de exportação estão sujeitos a uma supervisão rigorosa por parte da Administração Central de Quarentena Vegetal, do Instituto de Investigação em Proteção Vegetal, do Instituto de Investigação em Patologia Vegetal e do Instituto de Investigação em Horticultura, para garantir que os requisitos de gestão necessários foram implementados e mantidos (El-Sherif, M. (2010).

**Períodos de colheita dos citrinos do Egito.

Os períodos de colheita estimados para os vários tipos de citrinos são apresentados no quadro 2. A colheita da laranja dura quatro a cinco meses, com início em outubro. A lima doce e o limão são cultivados em todo o país e estão disponíveis durante todo o ano.

Tabela (2): Períodos de colheita de citrinos.

Região	Épocas de colheita para cada variedade			
	Baladi, Laranja doce	Valência	Umbigo	Toranja
Delta	janeiro - fevereiro	Mar	novembro - dezembro	novembro - dezembro
Novos terrenos	novembro - dezembro	Fev	novembro -	fevereiro - março

			dezembro	
Médio Egito	dezembro - janeiro	fevereiro - março	Dez	fevereiro - março
Alto Egito	Final de outubro - novembro	Fev	-	novembro - fevereiro

***Exportação de citrinos do Egito.

No Egito, as variedades importantes que podem ser exportadas são as seguintes: laranja Baladi (*Citrus sinensis*), laranja Washington Navel (*Citrus sinensis*), laranja Valência (Citrus *sinensis*), lima egípcia (Citrus *aurantifolia*) e lima doce (*Citrus latifolia*).

Atualmente, o Egito exporta citrinos para a União Europeia e para os Estados do Golfo. Uma pequena quota de exportação de 8.000 toneladas por estação limita as exportações egípcias de laranja para a União Europeia ao abrigo do acordo de comércio livre. O Egito está a negociar o aumento da sua quota de exportação de laranja para 300 000 toneladas por estação no âmbito do acordo de parceria Egito-União Europeia. As exportações totais de laranja do Egito em 1999-2000 foram estimadas em 208.000 toneladas, em comparação com 215.000 toneladas em 1998-99 (CAB International, 2000).

Em 2008/2009, as exportações totais de laranja do Egito caíram para 774.000 MT em comparação com 850.000 MT (tonelada métrica = 1000 kg) em 2007/2008, em resultado da crise financeira mundial. Em 2009/2010, as exportações totais de laranja egípcia atingiram 800.000 toneladas (Departamento de Agricultura dos Estados Unidos, Serviço Agrícola Estrangeiro, relatório final de 21/7/2010).

O quadro (3) mostra a posição da produção e exportação de laranjas egípcias em comparação com os principais países produtores a nível mundial.

Tabela (3): Produção mundial de laranjas em alguns dos principais países produtores em 2009/2010.

País	Produção (toneladas)	País	Exportações (toneladas)
Brasil	16,238.000	Estados Unidos	1,331.000
Estados Unidos	7,491.000	África do Sul	950.000
China	6,350.000	Egito	800.000
UE	6,202.000	Itália	322.000
Egito	3,570.000	Grécia	320.000

África do Sul	1,500.000	Espanha	302.000
Nigéria	3.325.000	Turquia	260.000
México	3.200.000	México	215.000
Espanha	2.703.600	Marrocos	215.000
Indonésia	2.600.000	UE	240.000
Irão	2.300.000	China	155.000
Itália	2.293.466	Austrália	130.000
Índia	2.044.000	Argentina	100.000
Paquistão	1.816.000	Paquistão	22.400
Turquia	1.580.000	Brasil	20.000
Grécia	969.800	Irão	-
Argentina	840.000	Índia	-
Marrocos	815.000	Nigéria	-

A produção mundial de citrinos em países produtores principais selecionados em 2009/2010 está estimada em 49 779 000 toneladas. O Brasil é o maior produtor, seguido dos Estados Unidos, China, UE, Egito e África do Sul. A posição dos citrinos egípcios é a quinta posição (3.570.000 toneladas), enquanto a posição de exportação é a terceira posição (800.000 toneladas) (**Departamento de Agricultura dos Estados Unidos, Serviço Agrícola Estrangeiro, relatório final de 21/7/2010**).

Os citrinos foram atacados por um grande número de pragas, por exemplo, insectos, ácaros, doenças fúngicas, bacterianas e virais, nemátodos, formigas, roedores e aves (quadro 4). Cada praga causou danos variados à árvore de citrinos nas diferentes fases de crescimento (pré-colheita) e pós-colheita. Este estado da arte analisará as pragas graves economicamente importantes que infestam e causam perdas na qualidade e quantidade de frutos nas árvores de citrinos. Além disso, serão revistos os métodos de controlo das pragas graves.

Quadro (4): Pragas economicamente graves das árvores de citrinos no Egito.

Nome científico	Nome(s) comum(ns)	Ordem/Família	Presente no Egito
Artrópodes			
Aonidiella aurantii	Escala vermelha;	Hemiptera: Diaspididae	Rawhy *et al.*, 1973,

(Maskell)	escala laranja; escala vermelha californiana		1980;Habib *et al.*, 2009
Ceroplastos floridensis Comstock	Escama de cera da Florida; escama mole	Hemiptera: Coccidae	Bodenheimer, 1931; Hall, 1924; Rawhy *et al.*, 1973; CIE, 1982a; Ben-Dov, 1993; Habib *et al.*,2009
Ceroplastes rusci (Linnaeus)	Escala de cera de figo; escala de figo	Hemiptera: Coccidae	Ben-Dov, 1993; IIE, 1992; Habib
			et al.,2009
Icerya seychellarum (Westwood)	Escala das Seychelles	Hemiptera: Margarodidae	CAB International, 2000; Habib *et al.*,2009
Lepidosaphes beckii (Newman)	Escama de mexilhão dos citrinos; escama de mexilhão; escama roxa	Hemiptera: Diaspididae	CIE, 1964a; Rawhy *et al.*, 1973,1980; Habib *et al.*,2009
Parlatoria ziziphi (Lucas)	Escama negra de parlatoria; escama negra; escama negra da folha	Hemiptera: Diaspididae	CAB International, 2000; CIE, 1964c; Salama *et al.*, 1985
Compra de produtos Maskell	Inseto australiano; escama almofadada de algodão; escama canelada	Hemiptera: Margarodidae	CAB International, 2000; El-Saadany & Goma, 1974
Planococcus citri (Risso)	Cochonilha dos citrinos; cochonilha comum; cochonilha	Hemiptera: Pseudococcidae	CAB International, 2000; Helal *et al.*, 2000

	da uva		
Aleurotrixus floccosus (Maskell)	Mosca branca da lã; citrinos	Hemiptera: Aleyrodidae	Vulic e Beltran, 977
	mosca branca		
Aleurotuberculatus jasmini Takahashi	Mosca branca	Hemiptera: Aleyrodidae	Amin *et al.*, 1997
Trialeurodes vaporariorum Westwood	mosca branca de estufa	Hemiptera: Aleyrodidae	Nada, 1989
Dialeurodes citri (Ashmead)	Mosca branca dos citrinos	Hemiptera: Aleyrodidae	Nada, 1989
Aphis craccivora Koch	Pulgão do feijão-frade	Hemiptera: Aphididae	CIE, 1983; Ismail *et al.*, 1986
Aphis fabae Scopoli	Pulgão do feijão preto; mosca negra	Hemiptera: Aphididae	Ismail *et al.*, 1986
Aphis gossypii Glover	Pulgão do algodão; pulgão do melão	Hemiptera: Aphididae	CIE, 1968; El-Nagar *et al.*, 1985;
Aphis spiraecola Patch	Pulgão verde dos citrinos; pulgão da espiraea	Hemiptera: Aphididae	Attia & El-Kady, 1986; El-Kady & Attia, 1986
Myzus persicae (Sulzer)	Pulgão verde do pessegueiro; pulgão do pessegueiro	Hemiptera: Aphididae	CIE, 1979; Ismail *et al.*, 1986
Heliothrips haemorrhoidalis (Bouché)	tripes de estufa	Thysanoptera: Thripidae	CIE,1961
Bemisia tabaci	Mosca branca	Thysanoptera: Thripidae	CIE, 1961
Ceratitis capitata (Wiedemann)	Mosca da fruta do Mediterrâneo; Medfly	Diptera: Tephritidae	El-Miniawi & Ezzat, 1970; CAB International, 2000)

Bactrocera zonata	Moscas da fruta	Diptera: Tephritidae	Mohamed , 2001
Phyllocnistis citrella Stainton	Citrinos minerador de folhas	Lepidópteros: Gracillariidae	CAB International, 2000
Nome científico	Nome(s) comum(ns)	Ordem/Família	Presente no Egito
Orações citri Millière	Traça das flores dos citrinos; traça das flores dos citrinos; broca dos frutos jovens dos citrinos	Lepidópteros: Yponomeutidae	Ibrahim & Shahateh, 1984; El-Dessouki *et al.*, 1989; CAB International, 2000;
Tropinota squalida	Escaravelho rosa	Coleoptera: Scarabaeidae	Metwally,1999
Aceria sheldoni (Ewing)	Ácaro dos gomos dos citrinos	Acarina: Eriophyidae	Attiah *et al.*, 1973b
Brevipalpus californicus (Banks)	ácaro plano dos citrinos	Acarina: Tenuipalpidae	Attiah *et al.*, 1973a
Eriophyes aegyptiacus	Ácaro Eriophyiid	Acarina: Eriophyidae	Soliman & Abou-Awad, 1979
Eutetranychus orientalis (Klein)	Ácaro castanho dos citrinos; ácaro da aranha oriental	Acarina: Tetranychidae	Abdelhafez & Hanna, 1975; Attiah *et al.*, 1973b; Atwa *et al.*, 1987; CAB International, 2000
Tetranychus urticae Koch	ácaro vermelho; ácaro de duas manchas	Acarina: Tetranychidae	Atwa *et al.*, 1987
Tuckerella nilotica	Ácaro da aranha falsa ornamentada	Acarina: Tuckerellidae	Hashem & El-Halawany, 1996; Zaher & Rasmy, 1969
Nemátodo			
Tylenchulus	Nemátodo dos citrinos; nemátodo	Tylenchida:	Abdul-Magid, 1980; Badra & Shafiee,

semipenetrans Cobb	das raízes dos citrinos	Tylenchulidae	1979; CAB International, 2000
Térmita			
Amitermes desertorum	Térmita subterrânea do deserto	Isoptera: Termitidae	El-Hemaesy,

Tabela (5): Caracóis em citrinos

Nome científico	Nome(s) comum(ns)	Ordem/Família	Presente em Egito
Caracóis			
Cochlicella acuta (Muller)	Caracol pontiagudo; pequeno caracol cónico	Stylommatophora: Helicídeos	Nakla *et al.*, 1997
Eobânia vermiculata (Muller)	Caracol-bandeira de chocolate	Stylommatophora: Helicídeos	Nakla *et al.*, 1997
Rumina decollata (Linnaeus, 1758)	Caracol decolado	Stylommatophora: Subulinídeos	Nakla *et al,* 1995
Theba pisana (Muller)	Caracol mediterrânico	Stylommatophora: Helicídeos	Nakla *et al.*, 1997
Macrochlamys indica	Caracol terrestre	Stylommatophora: Helicarionídeos	El-Alfy *et al.*, 1994
Monacha arbustorum	Caracol terrestre	Stylommatophora: Helicídeos	Tolba, 1997
Eremina desertorum (Forkal, 1775)	Caracol do deserto	Stylommatophora: Helicídeos	El-Kassas *et al.*, 1993
Eremina ehrenbergi (Roth, 1839)	Caracol terrestre	Stylommatophora: Helicídeos	Essawy, 1993

Tabela (6): Doenças economicamente graves dos citrinos no Egito.

Nome científico	Nome(s) comum(ns)	Ordem/Família	Presente no Egito

Bactérias			
Cancro dos citrinos	*Xanthomonas citri*		
Fungos			
Alternaria alternata Keissl.	Mancha foliar de Alternaria; mancha castanha	Fungos mitospóricos Dothideales: Pleosporaceae	CAB International, 2000
Alternaria citri Ellis & N. Pierce em N. Pierce	Podridão negra; queda de frutos; podridão do umbigo; podridão do pedúnculo	Fungos mitospóricos Dothideales: Pleosporaceae	Ellis, 1971; El- Zayat *et al.*, 1983; Tarabeih *et al.*, 1977
Aspergillus niger Van Tiegh	Bolor negro	Fungos mitospóricos Eurotiales: Trichocomaceae	Moharram *et al.*, 1989
Aspergillus flavus Ligação	Podridão de Aspergillus	Fungos mitospóricos Eurotiales: Trichocomaceae	CAB International, 2000)
Aspergillus ochraceus Wilhelm		Fungos mitospóricos Eurotiales: Trichocomaceae	Moubasher *et al.*, 1972;CAB International, 2000
Botryodiplodia theobromae Pat.	Diplodia podridão da vagem (podridão castanha da vagem)	Fungos mitospóricos Dothideales: Botryosphaeriac eae	CMI, 1985; Anónimo, 2000
Capnodium citricolum McAlpine	Bolor fuliginoso	Capnodiales: Capnodiáceas	Anónimo, 2000
Chaetothyrium citri Arn. Fisher	Bolor fuliginoso dos citrinos	Dothideales: Chaetothyriaceae	n., 2000
Colletotrichum gloeosporioides (Penz.) Penz. & Sacc.	Estirpe de antracnose	Fungos mitospóricos Phyllachorales: Phyllachoraceae	Wahid, 1999

Corticium rolfsii Curzi [teleomorfo]	Podridão do colarinho; podridão dos esclerócios; amortecimento	Estereais: Corticeiras	Abdel-Hak *et al.*, 1973; Anon., 2000
Debaryomyces hansenii (Zopf)	Podridão ácida	S accharomycetal es: Saccharomyceta ceae	Moawad *et al.*, 1986
Diaporthe citri F.A. Lobo	Gomose melanosa dos citrinos; Phomopsis stemend rot; podridão do tronco dos citrinos	Diaporthales: Valsaceae	Anon., 2000; CAB International, 2000
Fusarium oxysporum Schlechtendahl	Podridão da extremidade do caule	Hipocreales: Hypocreaceae	CAB International, 2000
Geotrichum candidum var. *citri-aurantii* (Ferraris) Sacc. & Sydow	Podridão dos frutos; podridão de oósporos; podridão azeda	Saccharomycetal es: Dipodascaceae	Tarabeih *et al.*, 1977
Macrophomina phaseolina (Tassi.)	Podridão dos frutos	Fungos mitospóricos	Anónimo, 2000
Nectria haematococca (Wollenw.)	Podridão da extremidade do caule	Hypocreales: Hypocreaceae	Minessy *et al.*, 1974
Pénicillium digitatum (Pers. ex Fr.) Sacc.	Podridão dos frutos; bolor verde (Carne, 1925b)	Fungos mitospóricos	Isshak *et al.*, 1974
Pénicillium italicum Wehmer	Bolor azul; podridão dos frutos	Fungos mitospóricos	Isshak *et al.*, 1974
Pestalotiopsis versicolor (Speg.)	Mancha foliar dos citrinos	Fungos mitospóricos	Anónimo, 2000
Phytophthora sp.	Gomose; podridão radicular	Pythiales: Pitiáceas	Minessy *et al.*, 1974
Phytophthora citrophthora Leonian	Podridão castanha dos citrinos; podridão do pé dos citrinos	Pythiales: Pitiáceas	Anónimo, 2000; CAB International, 2000

Phytophthora nicotianae Breda de Haan var. *parasitica* (Breda de Haan) Tucker	Podridão dos rebentos; míldio do caule	Pythiales: Pitiáceas	Satour *et al.*, 1991
Pythium aphanidermatum (Edson) Fitzp.	Perna preta das plântulas; podridão do colo; amortecimento das plântulas; amortecimento; podridão do caule das plântulas; podridão hídrica	Pythiales: Pythiaceae	CMI, 1978;CAB International, 2000
Pythium irregulare Buisman	Gomose; podridão radicular	Pythiales: Pythiaceae	H, 1986;CAB ernational, 2000
Pythium oligandrum Drechsler	Podridão radicular	Pythiales: Pitiáceas	Abdelzaher *et al.*, 1997
Pythium ostracodes Drechs.	Gomose; podridão radicular	Pythiales: Pythiaceae	Minessy *et al.*, 1974
Pythium ultimum (Trow)	Podridão radicular	Pythiales: Pitiáceas	Shatla *et al.*, 1974;Abdelzaher *et al.*, 1997
Rhizoctonia solani [anamorfo]	podridão dos frutos; podridão radicular	Estereais: Cortiça	El-Azouni *et al.*, 1969
Sclerotinia sclerotiorum (Lib.) de Bary	podridão verde dos frutos; míldio do caule das plântulas; podridão do caule; míldio dos ramos; bolor branco	Leotiales: Sclerotiniaceae	Anon., 2000; CAB International, 2000
Trichoderma viride Pers. ex S.F. Gray	Podridão de Trichoderma	Hipocreales: Hypocreaceae	El-Zawahry *et al.*, 2000
Nome científico	Nome(s) comum(ns)	Ordem/Família	Presente no Egito
Vírus			

Complexo *psorose dos citrinos*	Psorose; vírus da mancha anelar dos citrinos; casca escamosa dos citrinos	Ilavírus: Bromoviridae	Anónimo, 2000
Clasterovírus da tristeza dos citrinos (CTV)	Tristeza dos citrinos; doença do dieback da linha de produção	Closteroviridae	Nour-Eldin, 1959; CAB International, 2000

Tabela (7): Predadores e Parasitas insectos, ácaros e caracóis nos citrinos do Egito.

Nome científico	Nome comum	Hospedeiros comuns
Parasitas		
Aphidius spp.	*Aphidius spp.*	Pulgão verde do pêssego, pulgão do melão, pulgão da ervilha e muitas outras espécies, principalmente pulgões.
Aphytis melinus	*Aphytis spp.*	sítio da balança vermelha da Califórnia
Leptomastix dactylopii	Parasita da cochonilha dos citrinos	Cochonilha dos citrinos em citrinos e outras plantas
Encarsia formosa	*Encarsia formosa*	Parasita de várias espécies de mosca branca, incluindo a mosca branca de estufa, a mosca branca da batata-doce e a mosca branca da folha prateada.
Euseius tularensis	Ácaro fitoseiídeo	O ácaro vermelho dos citrinos e os tripes dos citrinos são presas comuns. Alimenta-se também de outras espécies de ácaros, de ninfas de cochonilhas e de moscas brancas, bem como de pólen e de seiva das folhas.
Lysiphlebus estaceipes	Lysiphlebus testaceipes	Pulgão do algodão/melão e muitas outras espécies de pulgões dos géneros *Brachycaudus*, *Macrosiphum* e *Myzus* em muitas plantas
Família Carabidae	Besouro predador do solo	Larvas, pupas, caracóis e lesmas de insectos que vivem no solo e em sementes
Aphidoletes aphidimyza	pulgão	ácaros, ácaros e outros pequenos

		insectos de corpo mole em muitas plantas
Trichogramma spp	*Trichogramma spp.*	Ovos de centenas de espécies de insectos, especialmente traças, borboletas e moscas-serra. Especialmente importante na gestão da traça-da-fruta e do bicho-da-fruta. Algumas espécies parasitam ovos de escaravelhos, moscas, insectos verdadeiros, outras vespas e crisopídeos.
Predadores		
Zelus renardii	Insectos assassinos	Predador de uma grande variedade de insectos de pequeno e médio porte
Hippodamia convergens	escaravelho	Predador de afídeos e, ocasionalmente, de outros homópteros de corpo mole
Chrysopa spp	Tentilhões verdes	Predador de uma grande variedade de pequenos insectos
Hyposoter exiguae	Hyposoter exiguae	Lagarta-do-cartucho, lagarta-das-couves, lagarta-do-tomateiro, traça-do-tomateiro e outras lagartas em muitas outras culturas
	Mantids/praying mantids	Predadores generalistas de uma grande variedade de insectos
Cryptolaemus montrouzieri	Cochonilha	Predador de uma grande variedade de
	destruidor	cochonilhas e outros homópteros de corpo mole, incluindo a cochonilha dos citrinos e a cochonilha do escudo verde. Utilizado em citrinos e estufas.
Orius spp	Minúsculos insectos piratas	Predador de uma grande variedade de pequenos insectos
Harmonia axyridis	Multicolorido Escaravelho asiático	Muitas espécies de insectos homópteros, especialmente afídeos, mas também psilídeos e cochonilhas
Phytoseiulus persimilis	Ácaro fitoseiídeo	Predador de ácaros em muitas culturas

Coccinela Septempunctata	Escaravelho de sete pintas	Muitas espécies de afídeos, como os afídeos da ervilha, do feijão-frade, do pêssego verde, da batata, da folha do milho e do melão
Scolothrips Sexmaculatus	Tripes de seis manchas	Predador de ácaros fitófagos
Chilocorus orbus	Escaravelho de duas cabeças	Predador de muitas espécies de insectos cochonilhas em muitas árvores de fruto, nozes e ornamentais, incluindo: cochonilha armada, cochonilha castanha
Rodolia cardinalis	Escaravelho da Vedália	Predador exclusivamente em escamas almofadadas de algodão
Zelus renardii	Insectos assassinos	daceous numa grande variedade de insectos de tamanho médio a pequeno
Rumina decollata	Caracol decolado	Predador do caracol castanho de jardim nos citrinos

Quadro (8): Ácaros predadores nos citrinos do Egito.

Nome científico	Nome(s) comum(ns)	Ordem/Família	Presente no Egito
Agistemus exsertus Gonzalez-Rodriguez	Ácaro Shgmaeid	Acarina: Stigmaeidae	Zaher *et al.*, 1971; Rizk *et al.*, 1979
Amblyseius aegyptocitri	Ácaro predador	Acarina: Phytoseiidae	Kandeel & El-Halawany, 1986
Amblyseius swirskii Athias-Henriot	Ácaro Amblyseid	Acarina: Phytoseiidae	Kandeel & Nassar, 1986
Cardiastetus nazarenus Reuter	Predador (Inseto)	Hemiptera: Anthocoridae	Tawtik *et al.*, 1976
Cheletogenes ornatus (Canestrini & Fanzago)	Ácaro quelícero	Acarina: Cheyletidae	Rizk *et al.*, 1979
Cunaxa capreolus (Berlese)	Ácaro Cunaxídeo	Acarina: Cunaxidae	Muma *et al.*, 1975

Euseius gossipi (El Badry)	Ácaro predador	Acarina: Phytoseiidae	Kandeel & Nassar, 1986
Euseius scutalis (Athias-Henriot)	Ácaro fitoseiídeo	Acarina: Phytoseiidae	Helal *et al.*, 2000
Lasioseius athiasae	Ácaro ascídeo (ácaro predador)	Acarina: Ascidae	Nawar & Nasr, 1991
Lasioseius bispinosus Evans	Ácaro ascídeo (ácaro predador)	Acarina: Ascidae	Nasr & Abou-Awad, 1987
Nenteria hypotrichus	Ácaro uropodídeo	Acarina: Uropodídeos	El-Banhawy *et al.*, 1997
Oribatula sp.	Ácaro Oribatid	Acarina: Oribatulidae	Hashem *et al.*, 1987
Phyllocoptruta oleivora (Ashmead)	Ácaro da ferrugem dos citrinos; Ácaro maori; ácaro predador	Acarina: Eriophyidae	Attiah *et al.*, 1973b; CAB International, 2000
Phytoseius plumifer (Canestrini & Fanzago)	Ácaro fitoseiídeo	Acarina: Phytoseiidae	Rasmy & El-Banhawy, 1974

Insectos

Cochonilhas dos citrinos

Introdução

Embora várias espécies de cochonilhas sejam pragas graves dos citrinos em várias partes do mundo e em várias épocas, não são geralmente consideradas como as pragas mais graves dos citrinos (Ebeling, 1950).

Dois tipos de cochonilhas afectam os citrinos:

- **As escamas blindadas ou duras**, como a omnipresente escama vermelha, produzem uma cobertura de cera dura que protege o seu corpo mole. Algumas espécies injectam toxinas na árvore enquanto se alimentam, resultando na morte de galhos, ramos e, eventualmente, de toda a árvore. **As cochonilhas armadas** (Diaspididae) são geralmente consideradas mais importantes do ponto de vista económico (Ebeling, 1959). No Egito, foram encontradas várias espécies como pragas graves que infestavam os citrinos, tais como a cochonilha vermelha da Califórnia, ***Aonidiella aurantii,*** a cochonilha roxa, ***Lepidosaphes beckii*** (Newman), a cochonilha negra ***Chrysomphalus ficus*** (Linnaeus), a cochonilha do cróton, ***Parlatoria ziziphi*** e outras, que causaram grandes perdas aos citrinos (CIE,1964a; Rawhy *et al.*,1973,1980Hashem e El-Halawany,1996;Habib *et al.*,2009) . Estas cochonilhas blindadas são geralmente mais difíceis de controlar, são menos influenciadas pelos inimigos naturais, são mais prolíficas (geralmente com várias gerações por ano) e têm um efeito mais profundo no hospedeiro (ou seja, sabe-se que a cochonilha vermelha pode matar árvores de citrinos maduras se não for controlada durante vários anos).

- **As escamas moles** não produzem uma cobertura dura, mas algumas tornam-se bastante duras e coriáceas quando amadurecem.

As escamas moles produzem melada, uma solução açucarada excretada por muitos insectos que se alimentam da seiva das plantas. A melada forma um revestimento pegajoso nas folhas, nos ramos e nos frutos, proporcionando um ambiente ideal para o desenvolvimento de certos fungos. Quando os fungos produzem esporos pretos, desenvolvem um aspeto preto inestético designado por "bolor fuliginoso".

O bolor fuliginoso é um problema comum que reduz a qualidade dos citrinos e constitui uma preocupação para os produtores que visam mercados frescos de elevado valor. As infestações graves de bolor fuliginoso também afectam a saúde das árvores, cobrindo as folhas e reduzindo a fotossíntese.

A melada causa problemas adicionais ao atrair formigas para as árvores de citrinos. As formigas procuram a melada como um alimento rico em energia e, enquanto procuram a melada, perturbam e atacam os insectos benéficos. Isto perturba o controlo biológico das cochonilhas duras e moles e de outras pragas. Várias espécies foram consideradas pragas graves que infestavam as árvores de citrinos, como a cochonilha de cera da Florida, ***Ceroplastes floridensis*** (Hall,1924; Bodenhimer,1931; Rawhy *et al.*,1973; CIE, 1982a; Ben-Dov,1993).

Escama vermelha citrina

Aonidiella aurantii

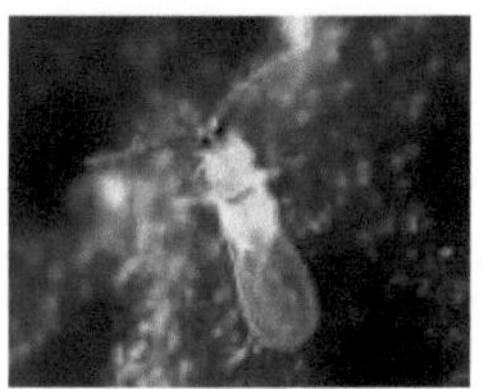

Escama vermelha (macho)

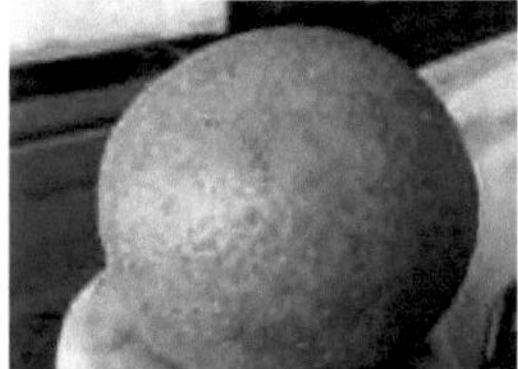

Frutos infestados com cochonilhas vermelhas (ninfas)

Descrição das pragas

A **cochonilha vermelha dos citrinos** é uma **cochonilha blindada** que se instala em todas as partes aéreas da árvore: nas folhas, nos frutos, nos ramos e nos galhos. Alimenta-se através da ingestão do conteúdo das células do parênquima. O efeito tóxico da saliva do inseto, que interfere com o metabolismo celular, é pelo menos tão importante como a perda de água e de nutrientes com a seiva celular. O ataque deste inseto provoca inicialmente o amarelecimento das folhas. Com o aumento da severidade da infestação, as folhas murcham e as plantas ficam gradualmente desfolhadas. Os frutos podem cair em grande número, por vezes depois de terem ficado literalmente incrustados de escamas.

Os galhos e os ramos pequenos podem morrer e, em casos extremos, ou em árvores jovens, a planta inteira pode morrer. Os danos são particularmente graves durante o tempo quente, devido ao stress hídrico que isso implica. Infestações fortes podem reduzir a produção não só na época atual, mas também nos anos seguintes.

Os frutos que foram atacados durante o seu desenvolvimento inicial apresentam caroços visíveis.

Mesmo quando mortas, as escamas permanecem firmemente agarradas à superfície e são difíceis de remover. Assim, o rendimento restante tem um valor de mercado consideravelmente reduzido (Rawhy *et al.*, 1973, 1980; Habib *et al.*, (2009)).

BIOLOGY

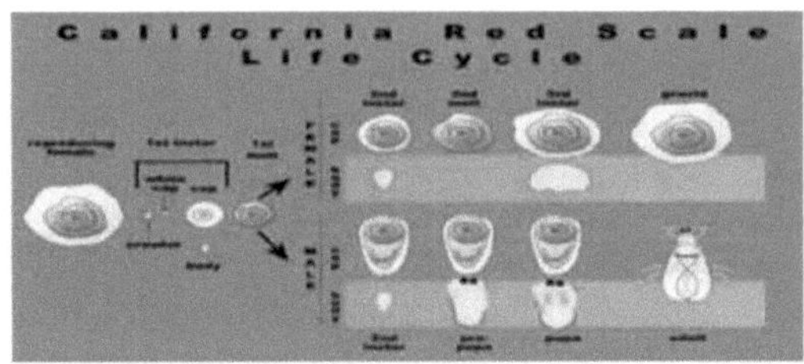

As escamas femininas têm uma cobertura arredondada, aproximadamente do tamanho da extremidade romba de uma unha. A cobertura está firmemente ligada ao substrato de folhas, madeira ou frutos quando as cochonilhas estão a fazer a muda ou a reproduzir-se; permanecem sob esta cobertura durante toda a sua vida. Quando maduras, produzem 100 a 150 lagartas. **As lagartas** eclodem e emergem da cobertura feminina a um ritmo de duas a três por dia. As lagartas deslocam-se para encontrar um local adequado para se instalarem e podem ser espalhadas pelo vento, por aves ou por equipas de colheita. Instalam-se em pequenas depressões de ramos, frutos ou folhas e começam a alimentar-se; pouco depois, forma-se uma cobertura circular e cerosa sobre o seu corpo. A meio do segundo instar, as fêmeas e os machos começam a **desenvolver-se de forma diferente**. Os machos formam uma **cobertura alongada**, enquanto a cobertura da fêmea permanece circular. A fêmea muda duas vezes, desenvolvendo um anel concêntrico no centro da cobertura cerosa de cada vez (Rawhy *et al.*, 1973, 1980).

Os machos adultos das escamas são pequenos insectos de duas asas que emergem das escamas alongadas após quatro mudas. Vivem cerca de 6 horas e o seu único objetivo é acasalar. O número de voos dos machos, juntamente com o número de gerações por ano deste inseto, varia de acordo com a região de cultivo no estado e o clima, mas é geralmente de cerca de 4 voos por ano (Rawhy *et al.*, 1973, 1980).

Habib *et al.*, (2009) verificaram que a cochonilha vermelha, *Aonidiella aurantii*, passava por quatro gerações anuais na região do Delta do Nilo e apenas três gerações anuais nas zonas costeiras. Devido à reação foto-negativa dos insectos rastejantes, a população mais elevada foi sempre acumulada nas zonas protegidas à sombra das árvores de citrinos durante todas as estações.

Danos

A cochonilha vermelha ataca todas as partes aéreas da árvore, incluindo **galhos, folhas, ramos** e **frutos**, sugando os tecidos vegetais com as suas longas e filamentosas peças bucais.

Os frutos fortemente infestados podem ser desclassificados no armazém de embalagem e, se os níveis populacionais forem elevados, podem ocorrer danos graves nas árvores. As infestações graves provocam **o amarelecimento** e a queda **das folhas, a** morte de galhos e ramos e, ocasionalmente, a morte da árvore. É mais provável que os danos nas árvores ocorram no final do verão e no início do outono, quando as populações de cochonilhas são mais elevadas e o stress hídrico na árvore é maior (Habib *et al.*, 2009).

GESTÃO

As populações de cochonilhas vermelhas desenvolveram níveis elevados de resistência aos organofosforados e carbamatos durante a década de 1990. Os produtores passaram a utilizar libertações ***de Aphytis*****, tratamentos com óleos** ou **reguladores de crescimento de insectos** para o controlo das cochonilhas. Onde se pratica o IPM de base biológica. As libertações de ***Aphytis melinus*** têm-se revelado eficazes no controlo da cochonilha vermelha, mas esta abordagem exige que se minimize a utilização de pesticidas de largo espetro (por exemplo, acetamipride-Assail, Danitol-fenpropatrina ou ciflutrina-Baythroid para o controlo de pragas como o tripes dos citrinos no verão).

Controlo biológico

As **vespas parasitas**, ***Aphytis melinus*** e ***A. lingnanensis***, desempenham um papel importante no controlo da cochonilha vermelha, mas a sua eficácia depende de uma monitorização cuidadosa e da utilização de insecticidas selectivos para outras pragas. Vários insectos **predadores** também se alimentam da cochonilha vermelha, incluindo os besouros ***Rhyzobius (Lindorus) lophanthae, Chilocorus orbus*** e ***C. cacti***. Para aumentar a eficácia de todos os inimigos naturais, utilizar pesticidas apenas quando a sua necessidade é indicada por uma monitorização cuidadosa, utilizar os insecticidas mais selectivos disponíveis e tratar apenas as partes do pomar onde as populações de cochonilhas vermelhas excedem o limiar. Hafez (2009) afirmou que ***Aonidiella aurantii*** (Mask.) é provavelmente um dos mais importantes insectos praga dos citrinos (***Citrus sinensis***) no distrito de Alexandria. As flutuações populacionais de himenópteros parasitas que atacam esta praga foram estudadas durante um ano inteiro. Foram encontradas sete espécies de parasitas primários e um parasita secundário em *A. aurantii.* Estas espécies foram *Aphytis lingnanensis* Compere, *A. chrysomphali* (Mercet), *A. coheni* De Bach, *A. diaspidis* (Howard), *Aspidiotiphagus citrinus* Craw, *Encarsia (Prospaltella)* sp., *Encarsia (Prospaltella) aurantii* (Howard) e o parasita secundário *Marietta javensis* Howard. *Aphytis lingnanensis* foi o parasita mais comum em *A. aurantii.*

Libertação de parasitas. A libertação de parasitas ***Aphytis melinus*** criados em massa pode ser útil em pomares com controlo biológico insuficiente. Tenha em mente que os resíduos de pesticidas nas folhas podem ter um efeito prejudicial nos parasitas ***Aphytis*** libertados. Testar a possível toxicidade colocando dez a doze galhos de um ano de idade com folhas num frasco de galão com parasitas

Aphytis durante 24 horas e verificando a sua mortalidade. Se mais de 35% tiverem morrido, os resíduos são demasiado elevados para a libertação ***de Aphytis***. Além disso, preparar um frasco de controlo com folhas não tratadas para comparar o vigor *de Aphytis* (**Pinto *et al.*,2002**).

. As taxas de libertação recomendadas são de 100.000 parasitas por 4000 m^2 por ano para pomares em fase de transição para um programa de gestão integrada de pragas. Iniciar as libertações por volta de 1 de março, fazendo libertações de 5.000 a 10.000 parasitas por 4000 m^2 a cada 2 semanas com o objetivo de libertar 50% dos parasitas durante o período crítico da primavera, 25% mais no verão e 25% mais no outono. Suspender as libertações quando não houver escamas de segundo e terceiro instares disponíveis (normalmente de meados de junho a meados de julho). Continuar as largadas até meados de novembro. Concentrar as libertações posteriores em zonas do bloco conhecidas por terem densidades mais elevadas de cochonilhas vermelhas. Uma vez que o bosque tenha passado pelo período de transição (2 a 4 anos), o número total de parasitas libertados por 4000 m^2 pode ser reduzido para 50.000 a 70.000. Um método de libertação sugerido é segurar o copo de libertação na vertical e bater nele para libertar alguns *Aphytis* em cada sexta árvore de cada sexta fila.

- Controlar as formigas, nomeadamente a formiga argentina e a formiga cinzenta autóctone, porque elas perturbam os parasitas da cochonilha vermelha. O excesso de poeira que reveste as folhas e os frutos, incluindo a poeira das coberturas de estrume, bem como a cal e as argilas de caulino, interfere com o parasitismo e deve ser minimizado ou adiado até ao fim da estação, quando *o Aphytis* tiver completado o seu trabalho. Além disso, partículas finas, do tamanho de talco, de cinzas provenientes de incêndios nas proximidades podem também perturbar o controlo biológico. A rega das estradas e a lavagem das árvores podem ajudar a resolver estes problemas. Os nevoeiros fortes, os chuviscos ou a chuva também podem ajudar, quer removendo as partículas de pó e de cinzas, quer fazendo-as aderir à superfície das folhas.

- **Métodos organicamente aceitáveis**

O controlo biológico e as pulverizações com óleos de petróleo aprovados para fins biológicos, as libertações *de Aphytis*, bem como a lavagem pós-colheita a alta pressão na casa de embalagem são aceitáveis para utilização em citrinos certificados para fins biológicos. Furness *et al.* (1983) verificaram que ***A. melinus* contra *Aonidiella aurantii e utilizaram*** parasitas e sprays **de óleo de petróleo** numa abordagem integrada para o controlo da cochonilha vermelha da Califórnia em alguns pomares.

Resistência

Evitar a utilização de organofosforados e carbamatos e, em vez disso, libertar vespas ***Aphytis melinus*** ou tratar o pomar com **buprofezina (Applaud), óleo, piriproxifena (Esteem) ou espirotetramato**

(Hassan, 1985).

Seletividade

O óleo é o pesticida mais seletivo disponível para o controlo das cochonilhas blindadas. O óleo mata apenas os inimigos naturais com os quais entra em contacto e suprime ligeiramente as populações de ácaros benéficos. No entanto, os resíduos não persistem e as vespas *Aphytis* podem ser libertadas pouco depois dos tratamentos. Como com todos os insecticidas, utilizar o óleo apenas quando necessário, porque os tratamentos com óleo eliminam os instares mais jovens das cochonilhas, sincronizando assim o desenvolvimento da população de cochonilhas. Isto torna o parasitismo por *Aphytis* mais difícil, pois estas preferem depositar os seus ovos nas cochonilhas de terceiro instar e, após um tratamento com óleo, esta fase pode estar ausente durante um período de tempo, pois o seu ciclo de vida é cerca de duas vezes mais rápido do que o da cochonilha vermelha **(Croft, 1990).**

Os reguladores de crescimento de insectos piriproxifeno (**Esteem**) e buprofezina (**Applaud**) são seguros para vespas parasitas, ácaros predadores, aranhas e crisopídeos, mas são bastante tóxicos para os **escaravelhos vedalia**, que são necessários para o controlo da cochonilha do algodão. O espirotetramato (Movento) é muito seguro para vespas parasitas e escaravelhos da vedália, mas é tóxico para os ácaros predadores **(Wakgari e Giliomee, 2001)**. **Monitorização e decisões de tratamento**

Os produtores de citrinos utilizam **armadilhas com feromonas** para monitorizar a cochonilha macho durante o primeiro (maio), segundo (junho-julho) e quarto (setembro-outubro) voos da **cochonilha macho**. **Os graus-dias** são utilizados para **estimar** quando é que estes voos estão a ocorrer. Geralmente, quando uma média de mais de 1.000 cochonilhas é apanhada durante o quarto voo e os frutos estão infestados de cochonilhas na colheita, o tratamento é planeado para a estação seguinte. O objetivo é manter as populações de cochonilhas vermelhas a níveis que não resultem em mais de 10 cochonilhas por fruto na colheita (**Pinto *et al.*, 2002**).

Os cartões de feromonas não são indicadores fiáveis das populações de cochonilhas em pomares com libertação *de Aphytis*, porque ***Aphytis*** prefere parasitar as cochonilhas fêmeas e o número de cochonilhas macho pode ser muito elevado quando a população de fêmeas é baixa. **As cartas de feromonas** também não são preditores fiáveis das populações de cochonilhas vermelhas quando são utilizados reguladores de crescimento de insectos, porque os machos são mais sensíveis a estes insecticidas do que as fêmeas, pelo que as cartas subestimam a população de cochonilhas (**Pinto *et al.*, 2002**).

Monitorização semanal das armadilhas de feromonas. Selecione 5 a 6 pomares que tenham uma população conhecida de cochonilhas vermelhas para monitorizar todas as semanas, de modo a poder determinar quando é que os voos estão a ocorrer e programar as suas pulverizações.

Colocar as armadilhas com feromonas a partir de março, antes do voo de 1st . Mudar os cartões adesivos semanalmente e as tampas de feromonas mensalmente até outubro. Utilizar duas a quatro armadilhas de feromonas por bloco de 4000 m^2 ; acrescentar duas armadilhas por cada 4000 m adicionais .[2]

Monitorização de armadilhas com feromonas por voo. Nos restantes pomares, utilizar armadilhas com feromonas para determinar as zonas de forte infestação de cochonilhas (**Pinto *et al.*, 2002**).

***Pendurar as armadilhas** com um isco fresco imediatamente antes dos 1.o , 2.o e 4.o voos previstos: para o primeiro voo, 1 de março; para o segundo voo, 1 100 graus-dia após a biofixação do primeiro macho; e para o quarto voo, 3 300 graus-dia após a biofixação.

*Utilizar duas a quatro armadilhas de feromonas por bloco de 4000 m^2 ; acrescentar duas armadilhas por cada 4000 m adicionais .[2]

*Retirar as armadilhas no final de cada voo e contar as escamas (ou fazer uma estimativa com base na contagem das escamas no interior dos quadrados [20%] e multiplicar por 5).

*Registar os resultados. Estas armadilhas indicam-lhe quais são as zonas do talhão que estão fortemente infestadas. Se o voo de 4th for intenso (mais de 1.000 cochonilhas por cartão) e se os frutos estiverem infestados de cochonilhas na colheita, planear o tratamento durante a época seguinte.

Inspeção dos frutos. Em todos os pomares, quer as vespas *Aphytis* sejam libertadas ou não, realizar inspecções visuais dos citrinos uma vez por mês durante os meses de agosto, setembro e outubro. Percorrer 20 árvores em cada quadrante do quarteirão e registar o número de frutos examinados e o número de frutos com

manchas visíveis (10 ou mais) de escamas. Calcular a percentagem de frutos com mais de 10 escamas (**Pinto *et al.*, 2002**).

Contagem dos contentores. Aquando da colheita, observar os frutos à superfície de, pelo menos, 10 caixas de uma zona do bloco e contar o número de frutos não infestados e infestados de cochonilhas. Calcular a percentagem de frutos com cochonilha. Ao mesmo tempo, pode estimar a percentagem de frutos danificados pelo tripes dos citrinos, pelo katydid, pelo cutworm e pelo peelminer.

Avaliações pormenorizadas do parasitismo em blocos *de libertação de Aphytis*. Nos pomares onde os agentes de controlo biológico, como as vespas *Aphytis*, são utilizados para controlar as cochonilhas, monitorizar visualmente todas as fases das cochonilhas nos ramos, frutos e folhas em agosto, setembro e outubro.

*Recolher 10 frutos infestados de cochonilhas (de preferência de diferentes zonas do talhão). Não colher mais de um a dois frutos por árvore, evitando as árvores das filas exteriores.

Registar o número de escamas vermelhas de segundo e terceiro ínstar e o número destas que estão parasitadas. Para determinar se uma escama está parasitada, virar a tampa e procurar ovos, larvas e pupas *de Aphytis*.

*Calcular a percentagem de parasitismo dividindo o número de parasitados pelo número total de escamas de 2º e 3º instar examinadas. Se o controlo biológico estiver a funcionar corretamente, a percentagem de parasitismo deverá aumentar de apenas alguns pontos percentuais em agosto para uma percentagem elevada em outubro (**Pinto *et al.*,2002**).

Tratamentos insecticidas. *Organofosforados e carbamatos.* Pulverizar com insecticidas organofosforados e carbamatos para tratar a fase de rastejante, que atinge o seu pico cerca de 1 a 3 semanas após o pico do voo dos machos (32C°). O momento ideal para o tratamento varia de ano para ano devido à temperatura, mas geralmente ocorre em maio (primeira geração) ou julho (segunda geração). Um método ainda mais fiável de calendarizar os tratamentos com organofosforados ou carbamatos consiste em monitorizar a presença de lagartas enrolando fita adesiva à volta de ramos com um ano de idade (cerca de 0,5 polegadas de diâmetro) que tenham madeira cinzenta e verde e estejam infestados com cochonilhas fêmeas vivas. Para confirmar as decisões de contagem das armadilhas de feromonas, inspeccione sempre os ramos, as folhas e os frutos para detetar cochonilhas fêmeas e imaturas.

Reguladores de crescimento de insectos. Aplicar sprays de **piriproxifeno** e **buprofezina** depois de os rastejantes terem emergido completamente e se terem transformado em gorros brancos, porque estes reguladores de crescimento de insectos matam as cochonilhas quando estas tentam passar à fase seguinte. O momento ideal para a aplicação de reguladores de crescimento de insectos é a segunda geração de cochonilhas (junho-julho), a fim de proteger o escaravelho da Vedalia durante o período em que este controla a cochonilha do algodão (fevereiro-maio) (**Raeda *et al.*,2009)**.

Inibidores da síntese de lípidos. Fazer uma aplicação foliar do **espirotetramato** sistémico (Movento) entre o segundo voo do macho e o terceiro voo do macho. A ação sistémica do Movento demora algum tempo, mas é ativo contra todas as fases da cochonilha, pelo que a precisão do momento do tratamento não é tão importante como a técnica de aplicação (**Raeda *et al.*, 2009)**.

Os óleos podem ser eficazes contra a cochonilha vermelha, se a cobertura for completa. Têm também a vantagem de serem relativamente menos prejudiciais para as populações de inimigos naturais do que outros insecticidas. No entanto, é necessário ter especial cuidado para evitar aplicações diluídas de óleo em alturas em que este possa danificar os frutos e as folhas ou reduzir as populações de inimigos naturais. Os tratamentos efectuados após 1 de outubro implicam um certo risco de aumento dos danos causados pelas geadas. Para evitar a fitotoxicidade e o impacto no rendimento, as pulverizações de óleo devem ser efectuadas de acordo com as seguintes diretrizes:

Quadro (8): Tempos de aplicação por óleo para evitar lesões nas árvores.

Variedades	Tipo de óleo de gama estreita	Horários de aplicação para evitar lesões nas árvores
Toranja	Óleo de petróleo (415 ou 440)	julho - setembro.
Limões	Óleo de petróleo 415 ou 440	Ago. - Set.
Navios	Óleo de petróleo 415	julho - agosto-setembro.
Valências	Óleo de petróleo 415	julho - agosto-setembro.

Citrus Purple Scale

Lepidosaphes beckii

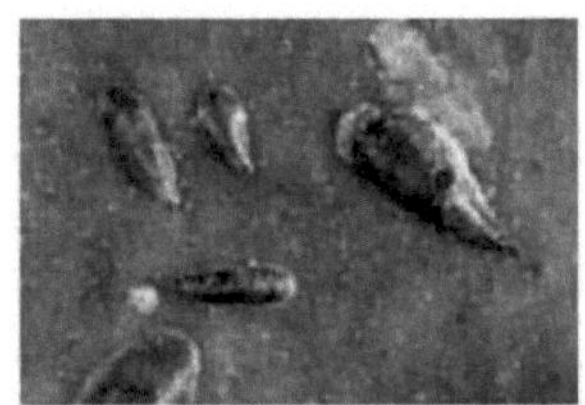

Purple Scale (nymphs)

Descrição da praga

A escama roxa é uma das **escamas blindadas**. A cobertura da escama roxa fêmea adulta assemelha-se à forma de uma concha de mexilhão. A cobertura do macho imaturo é mais curta e muito mais estreita do que a da fêmea. Os machos maduros são insectos alados que procuram as fêmeas imóveis. Após o acasalamento, as fêmeas põem 40 a 80 ovos debaixo da cobertura. Após a eclosão dos ovos, os rastejantes saem da cobertura e instalam-se em ramos, galhos, folhas ou frutos e começam a formar as suas coberturas. Até cerca de metade do seu crescimento, os rastejantes ficam cobertos por uma massa de fios de cera; nessa altura, forma-se uma cobertura castanha com uma tonalidade arroxeada. A cochonilha púrpura prefere as zonas mais frescas e sombrias das árvores; as temperaturas superiores a 27°C reduzem muito a população. Duas gerações ocorrem entre maio e outubro e uma terceira pode estar parcialmente concluída antes do início do tempo frio.

Danos

A cochonilha púrpura é uma praga ocasional em certas zonas de produção de citrinos onde o clima ameno e as condições de humidade favorecem a sua acumulação. Ataca todas as partes da árvore. A sua alimentação provoca o desenvolvimento de halos amarelados nas folhas; nos frutos jovens, os locais de alimentação permanecem verdes. Quando as populações são elevadas, pode ocorrer desfoliação e morte de galhos; isso geralmente ocorre em manchas limitadas no lado norte inferior das árvores. **Habib *et al.*, (2009) verificaram que** a cochonilha roxa *Lepidosaphes beckii* tinha quatro gerações anuais em ambas as localidades (Delta do Nilo e regiões costeiras) e tendia a acumular-se nas zonas de sombra das árvores de citrinos.

Gestão

Os parasitas proporcionam geralmente um bom controlo da cochonilha púrpura. O controlo biológico pode, por vezes, exigir um tratamento suplementar, especialmente em árvores poeirentas junto a estradas de terra.

Controlo biológico

O **parasita** mais eficaz da cochonilha púrpura é a ***Aphytis lepidosaphes,*** uma vespa parasita que se distribui geralmente nas zonas de ocorrência da cochonilha púrpura. Este parasita desenvolve-se externamente no corpo das cochonilhas imaturas, sob a cobertura de cochonilhas. Dado que este parasita não está disponível no mercado, é necessário conservar as populações naturais deste benéfico no bosque. Se os tratamentos forem necessários, durante os meses de agosto e setembro, proceder a um tratamento pontual (ou seja, tratar apenas as árvores com populações elevadas de cochonilha roxa) ou tratar cada quarta a sexta fileira com intervalos de 4 a 6 semanas se todo o bosque estiver infestado. Isto ajudará a preservar os inimigos naturais.

São importantes vários predadores, incluindo o **escaravelho-da-dama, *Chilocorus* spp**., e o escaravelho-da-dama australiano, ***Rhyzobius (Lindorus) lophanthae***. **Métodos organicamente aceitáveis**

O controlo biológico e as pulverizações de óleo aceitáveis do ponto de vista biológico são aceitáveis para utilização em citrinos certificados do ponto de vista biológico (**Pinto *et al.*, 2002**).

Decisões de tratamento

Se for necessário um tratamento, pode ser suficiente um tratamento pontual (isto é, tratar apenas as árvores com populações elevadas de cochonilha púrpura) com uma pulverização de óleo ou lavar as árvores poeirentas com água. Os sprays de óleo para a cochonilha vermelha da Califórnia também controlam a cochonilha púrpura. **Cochonilha *da Parlatoria***

Parlatoria ziziphi

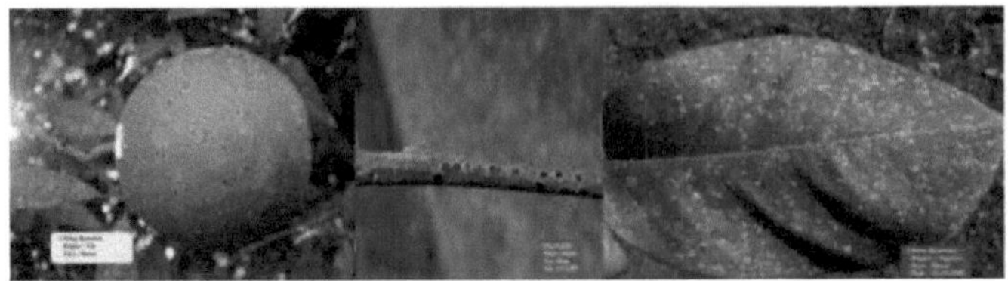

Escama *Parlatoria* : escama dos citrinos; escama negra das folhas; escama da cal.

Hospedeiro(s): *Citrus aurantifolia* (lima) (CAB International, 2000); *Citrus aurantium* (laranja azeda) (Beardsley, 1966; CAB International, 2000); *Citrus hystrix* (lima de caffre, papeda das Maurícias); (CAB International, 2000); *Citrus limon* (limão) (CAB International, 2000); *Citrus nobilis* (tangor) (CAB International, 2000); *Citrus paradisi* (toranja) (CAB International, 2000); *Citrus reticulata* (tangerina) (CAB International, 2000); *Citrus sinensis* (laranja de umbigo) (CAB International, 2000); *Citrus* spp. (Beardsley, 1966; CAB International, 2000).

Parte(s) da planta afetada(s): Ramo, fruto, folha, caule (CAB International, 2000).

Biologia: Esta praga infesta os rebentos, a folhagem e os frutos. O esgotamento da seiva da planta leva à redução do vigor do hospedeiro e a folhagem e os frutos podem ficar descoloridos com estrias e manchas amarelas. As infestações intensas causam clorose na folhagem e nos caules, queda prematura das folhas, desfolha moderada a grave, morte de galhos e ramos, atrofiamento e distorção dos frutos, manchas nos frutos e queda dos frutos antes de estarem maduros. Infestações severas podem afetar drasticamente o vigor da planta e podem mesmo matá-la (Fasulo e Brooks, 1997). A armadura da fêmea tem 1,25-2 mm de comprimento, é plana a ligeiramente convexa, enquanto os machos adultos são planos, alongados e têm cerca de 1/3 do tamanho da fêmea. As fêmeas adultas são imóveis, não têm asas e muitas vezes não têm patas. Em contrapartida, os machos têm geralmente um par de asas, pernas bem desenvolvidas e não possuem peças bucais, uma vez que não se alimentam. Os machos vivem apenas algumas horas, enquanto as fêmeas vivem durante alguns meses. A reprodução é bissexual (produção de ovos fertilizados).

A fêmea adulta põe de 8 a 20 ovos (Fasulo e Brooks, 1997). As fêmeas que se alimentam de **frutos põem** mais ovos do que as que se alimentam dos ramos ou da folhagem, e os ovos eclodem em 5-12 dias e passam por fases ninfais que duram 23-35 dias (Sweilem *et al.*, 1984). As ninfas só estão activas durante a fase de primeiro instar (ou rastejante) e podem percorrer alguma distância até uma nova planta; tornam-se sésseis durante os restantes instares ninfais (larvares). As lagartas instalam-se e alimentam-se dos sucos das plantas, inserindo as suas peças bucais perfurantes e sugadoras na planta hospedeira. Dependendo da região do mundo, há de três a sete gerações por ano e cada geração pode levar de 30 a 93 dias para se desenvolver. Em climas mais frios, o tempo necessário é muito mais longo (Fasulo e Brooks, 1997). Todas as fases de desenvolvimento podem ser encontradas ao longo do ano. A densidade populacional parece ser significativamente influenciada positivamente pela temperatura e negativamente pela humidade relativa e pela precipitação, embora esta última não tenha sido considerada significativa (El- Bolok *et al.*, 1984a). As densidades populacionais mais elevadas foram geralmente observadas na parte mais baixa da árvore (El-Bolok *et al.*, 1984b).

As folhas são o local preferido de alimentação, mas os frutos e os ramos também são atacados (Fasulo e Brooks, 1997). Geralmente, as escamas fixam-se firmemente ao fruto de forma que não podem ser removidas, causando a rejeição na maioria dos mercados de fruta fresca. A maioria das cochonilhas instala-se na superfície superior da folha; a superfície inferior só fica infestada em densidades populacionais muito elevadas (Fasulo e Brooks, 1997).

Habib *et al.*, (2009) descobriram que *Parlatoria oleae* tinha três gerações anuais em citrinos e que a sua população mais elevada tendia a instalar-se nas zonas de sombra das árvores de citrinos.

Potencial de entrada: Baixo, uma vez que as medidas de controlo pré-colheita habitualmente aplicadas nos pomares de citrinos e os tratamentos de manuseamento pós-colheita normalmente aplicados aos citrinos, como a lavagem com detergentes, a escovagem e o enceramento, reduzem o risco associado à entrada desta praga. Além disso, os procedimentos das casas de embalagem e os procedimentos de controlo de qualidade em vigor eliminarão os frutos infestados.

Potencial de estabelecimento: Elevado, uma vez que esta praga foi estabelecida no Território do Norte, Austrália, no início deste século, mas foi erradicada durante a erradicação do cancro dos citrinos.

Potencial de propagação: Elevado, os machos adultos são capazes de voar, mas são pouco voadores, embora a dispersão possa estar sujeita às condições do vento. Os primeiros instares (rastejantes) são capazes de se dispersar por deambulação ativa e pelo vento. Ocasionalmente, outros agentes, como aves, insectos, movimento de material vegetal e outros animais, incluindo o homem, podem servir de portadores acidentais. A praga é provavelmente de origem asiática, mas espalhou-se por todas as regiões zoogeográficas. Encontra-se principalmente nas regiões tropicais, mas também se estende às regiões temperadas (CAB International, 2000).

Importância económica: Moderada a elevada *P. ziziphi* está registada como praga dos citrinos, mas há poucos pormenores sobre as perdas económicas causadas por esta praga nos citrinos. Foi registada a ocorrência de danos graves em Java Oriental em variedades de *Citrus nobilis*, onde foram atacados rebentos e folhas (Kalshoven *et al.*, 1981). Há muito que esta praga é considerada uma praga importante, embora nalguns países não seja considerada uma praga grave.

Florida wax scale

Ceroplastes floridensis

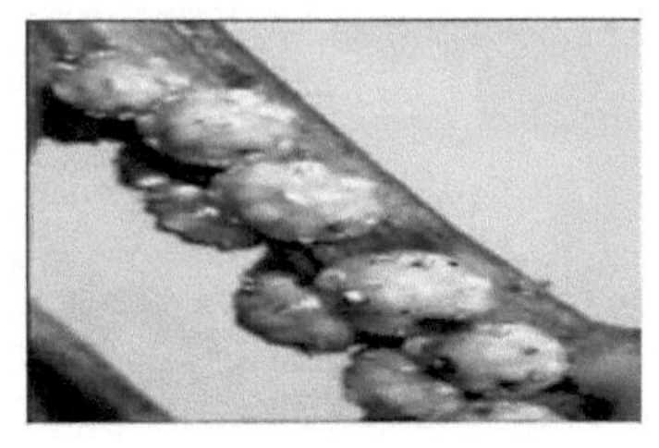

Branch infested with Florida Wax Scale

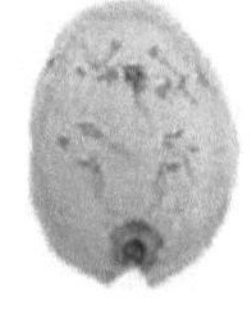

Florida Wax Scale

Nome comum: Escamas moles ou coccídeos

Caracteres de campo:

O aspeto das escamas moles no campo é muito variável consoante o grupo. A forma do corpo é frequentemente redonda ou oval, mas algumas são alongadas, especialmente as espécies infestantes de gramíneas; podem ser quase planas ou muito convexas em vista lateral. Os revestimentos de cera são finos e transparentes, filamentosos ou pulverulentos, espessos e opacos, ou mesmo finos e vítreos. As escamas moles ocorrem em quase todas as partes do hospedeiro, mas são predominantemente encontradas nas folhas e caules. Poucas espécies são subterrâneas. Algumas espécies produzem ovisacos que são geralmente filamentosos e brancos. As fêmeas recém-amadurecidas podem apresentar uma grande variedade de cores, desde o verde ao castanho, passando pelo mosqueado e pelo axadrezado, até ao branco e quase transparente. As fêmeas velhas são geralmente castanhas ou pretas. Algumas espécies de *Coccus* são tão claras que é possível observar os túbulos malfighianos a moverem-se no interior do corpo.

Diagnóstico: Ápice posterior do corpo geralmente com uma fenda anal visível; zona anal com 2 placas anais; anel anal eversível na extremidade do tubo anal; átrio espiral ligado à margem do corpo por um sulco com poros de cera; cerdas espiraculares diferenciadas na extremidade do sulco espiral; tarso sem sensilas campaniformes na junção da tíbia com o tarso.

Distribuição: As escamas moles ocorrem em todas as regiões do Egito (do Delta do Nilo até às zonas costeiras).

Hospedeiros: As escamas moles ocorrem numa grande diversidade de plantas hospedeiras, desde plantas lenhosas perenes a gramíneas herbáceas (CIE, 1982a).

Biologia: A cochonilha mole tem 3 ou 4 instares na fêmea e 5 no macho. A cochonilha dos citrinos, *Ceroplastes floridensis*, teve duas gerações anuais (maio-junho e setembro-outubro) que começaram um mês mais cedo nas zonas costeiras (Kafr El-Dawar) do que na região do Delta do Nilo (Barshoum). Esta espécie de inseto prefere um clima muito húmido com temperaturas moderadas. Também prefere instalar-se nas zonas das árvores expostas ao sol durante as diferentes estações devido à sua reação fotopositiva (Habib *et al.*, (2009).

As fêmeas adultas acasaladas produzem um grande número de descendentes; as espécies de *Ceroplastes* põem 2.000 ovos ou mais. Em alguns casos, os primeiros instares instalam-se nas folhas no início do ano e deslocam-se para os caules e ramos no final do verão ou no outono. Os machos de segundo instar produzem um teste único nesta família. É geralmente semitransparente, de aspeto vítreo, e é composto por uma série de estruturas semelhantes a placas.

Gestão

Controlo biológico

Três espécies de vespas parasitas (*Coccophagus lycimnia*, *Scutellista cynea* e *Metaphycus eruptor*) foram registadas para as cochonilhas da Flórida em algumas partes dos EUA (Hammon & Williams 1984; El-Minshawy *et al.*, 2009).

Plantas hospedeiras estabelecidas. Promover o vigor e a saúde das plantas, selecionando corretamente os locais de plantação e proporcionando uma rega e fertilização ideais. Inspecionar visualmente as plantas regularmente para detetar os primeiros sinais de infestação. Quando as plantas infestadas devem ser preservadas, o controlo deve começar com a poda e a eliminação da folhagem muito infestada. O saneamento e a poda reduzirão a densidade inicial de pragas e abrirão a copa das árvores para melhorar a cobertura da pulverização.

O objetivo dos esforços baseados em insecticidas deve ser evitar que o novo crescimento seja infestado por lagartas. As opções de tratamento incluem a utilização de insecticidas sistémicos aplicados no solo e/ou pulverizações foliares com instruções do rótulo para o controlo de insectos cochonilhas ou cochonilhas moles em plantas ornamentais de paisagem. Os insecticidas sistémicos geralmente não eliminam todas as cochonilhas localizadas em ramos ou galhos, pelo que pode ser necessário adicionar tratamentos foliares para eliminar toda a população. Tratamentos semelhantes podem ser úteis para controlar outras pragas em plantas de paisagem, como os percevejos da azálea e os pulgões da murta-da-índia, embora o momento da(s) aplicação(ões) varie.

Os produtos insecticidas sistémicos aplicados no solo, como os que contêm imidaclopride (por exemplo, Merit®, Bayer® Tree & Shrub Insect Control), devem ser aplicados antes da eclosão dos ovos para permitir que o ingrediente ativo seja translocado do solo, através das raízes e para o tecido foliar. As cochonilhas presas a ramos ou galhos podem não ser afectadas. Siga cuidadosamente as instruções do rótulo.

Os tratamentos foliares são melhor aplicados depois de a fase de rastejante eclodir dos ovos e começar a instalar-se na nova folhagem. A partir do final de abril e novamente em meados de agosto, examinar as folhas das plantas infestadas semanalmente ou quinzenalmente para ver se há ninfas recémassentadas que parecem pequenas, brancas e estreladas quando começam a exsudar o seu revestimento de cera. Podem ser necessárias várias pulverizações foliares, aplicadas em intervalos de 7 a 10 dias, ou conforme indicado no rótulo do produto, para proteger a nova folhagem durante o período de eclosão dos ovos, em especial quando se utilizam produtos insecticidas com pouca ou nenhuma atividade residual, como sabão inseticida ou óleo de horticultura. Um inseticida sistémico de contacto, como os produtos que contêm acefato (Orthene® Tree, Turf and Ornamental Spray), pode proporcionar um período de controlo mais longo.

Salama e Amin (1983) descobriram que experiências sobre o controlo de insectos cochonilhas, incluindo *Lepidosaphes beckii* (Newman), *Aonidiella aurantii* (Maskell), *Chrysomphalus ficus* Ashmead e *Ceroplastes floridensis* Comstock, infestando árvores de citrinos mostrou que duas pulverizações sucessivas em junho e setembro usando 0·15-0·20% de malatião, dimetoato, parationa metílica (parationa-metílica) ou dicrotofos sozinhos ou em combinação com óleos minerais (2%) são mais eficazes do que uma única pulverização em qualquer uma das datas. O rendimento dos frutos da laranja doce (*Citrus sinensis* L. var. *Sukkari*) aumentou significativamente após dois tratamentos sucessivos, em comparação com uma única pulverização, o que sugere que os tratamentos de verão não danificam os frutos. Uma pulverização em outubro, utilizando um óleo mineral (2-5%) ou uma combinação com um composto organofosforado, reduziu eficazmente a infestação de insectos nas folhas e nos rebentos, mas não nos frutos. As contagens pós-tratamento de vários insectos cochonilhas indicam que este tratamento pode manter o seu nível populacional baixo nas folhas e rebentos das árvores durante 6-12 meses.

Cochonilhas

Introdução

A cochonilha dos citrinos, *Planococcus citri* (Risso) (Hemiptera: Pseudococcidae) e *Icerya purchasi* são pragas importantes que atacam várias culturas (El- Saadany e Goma ,1974 ; Helal *et al.*,2000;Correia *et al.*, 2008). Atacam novos rebentos e folhas de uma vasta gama, incluindo maçã, abacate, citrinos, ficus, gardénia, jasmim, oleandro e dióspiro. Os danos nas plantas são causados pela perda de seiva extraída por um elevado número de cochonilhas, resultando em folhas murchas, distorcidas e amareladas (cloróticas), queda prematura das folhas, crescimento atrofiado e, ocasionalmente, morte das plantas ou partes de plantas infestadas. A seiva pegajosa e açucarada excretada pelas cochonilhas chama-se melada e cai sobre os objectos que se encontram por baixo do local da infestação. Um fungo preto chamado bolor fuliginoso coloniza as folhas cobertas de melada, dando-lhes um aspeto escuro e inestético (Hill, 1983).

A P. citri e *a Icerya purchasi* são mais eficazmente controladas com pesticidas durante as fases iniciais, antes da formação das secreções de cera protectoras e do bolor fuliginoso.

As actividades de monitorização devem preocupar-se com a identificação e a avaliação quantitativa das larvas de primeiro e segundo estádios. As cochonilhas maduras são altamente resistentes aos pesticidas de contacto. Os cachos de frutos, geralmente os frutos de maior qualidade e de copa interior, são preferidos por *P. citri*. As infestações intensas interferem com o desenvolvimento dos frutos e podem provocar a sua queda. O bolor fuliginoso é difícil de remover no armazém de embalagem, resultando frequentemente na desclassificação dos frutos. A cochonilha dos citrinos tem vários inimigos naturais predadores e parasitas. Os surtos graves em pomares normalmente não afectados por cochonilhas são geralmente o resultado de reduções relacionadas com pesticidas ou outras circunstâncias desfavoráveis que afectam os inimigos naturais (Smith *et al.* 1997).

Citrus Cottony Cushion Scale

Icerya purchasi

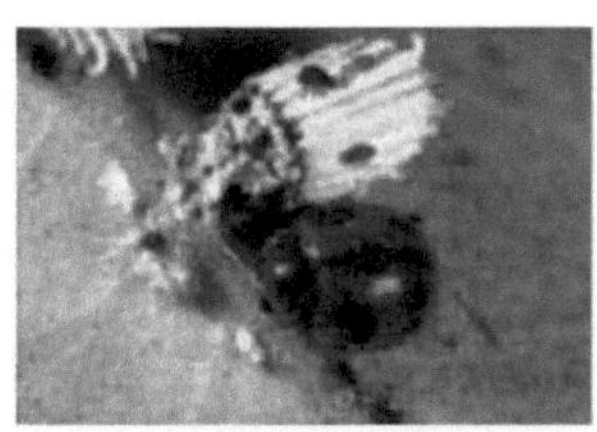

Citrus Cottony Cushion Scale

Descrição da praga

A caraterística mais distintiva da **fêmea** da escama almofadada de algodão é o saco de ovos de algodão canelado que segrega. São postos cerca de 600 a 800 ovos no saco. A eclosão ocorre em poucos dias no verão, mas pode demorar até 2 meses no inverno. **As ninfas** recém-nascidas são vermelhas com pernas e antenas escuras. O primeiro e segundo instares alimentam-se de ramos e folhas, geralmente ao longo das nervuras. Os terceiros instares e os adultos são encontrados principalmente nos ramos e no tronco, raramente nos frutos. Os terceiros instares estão cobertos por uma secreção espessa e cotonosa que desaparece após a muda. As fêmeas adultas instalam-se e começam a formar o saco de ovos branco e alongado. Os machos são raros e as fêmeas podem reproduzir-se sem acasalamento. Há três gerações por ano.

Danos

As escamas cotonosas extraem a seiva das folhas, galhos e ramos, reduzindo assim o vigor da árvore. Se as infestações forem grandes, pode ocorrer a queda de folhas e frutos e a **morte dos ramos. A cochonilha segrega melada, que promove o crescimento de bolor fuliginoso**.

Gestão

A cochonilha do algodão foi uma das principais pragas dos citrinos na década de 1880. Os esforços para controlar esta praga resultaram num dos primeiros e mais impressionantes exemplos de controlo biológico clássico (em que os inimigos naturais são importados do país de origem da praga e introduzidos em áreas para as quais esta se espalhou). Atualmente, as infestações ocorrem no Egito devido à destruição temporária dos inimigos naturais por tratamentos insecticidas como os **piretróides, os neonicotinóides** e os reguladores de crescimento dos insectos. Se encontrar a cochonilha do algodão, procure os seus inimigos naturais. Os tratamentos insecticidas não são normalmente necessários, a não ser que a utilização de insecticidas de largo espetro tenha dizimado as populações **do escaravelho da Vedalia**.

Controlo biológico

Dois inimigos naturais controlam eficazmente a cochonilha do algodoeiro. O **escaravelho da vedália, *Rodolia cardinalis*,** foi introduzido a partir da Austrália no início da década de 1890. O adulto e **a larva** alimentam-se de todas as fases da cochonilha. As fêmeas põem **os ovos** debaixo da cochonilha ou agarrados ao saco de ovos. As larvas jovens deslocam-se para a massa de ovos e alimentam-se dos ovos. As larvas mais velhas alimentam-se de todas as fases das cochonilhas (Caltagirone e Doutt, 1989; Marjorie, 2000).

A **mosca parasita, *Cryptochaetum iceryae*,** foi também introduzida a partir da Austrália e é um parasita muito eficaz desta cochonilha nas zonas costeiras. A **mosca** deposita os seus ovos no interior do corpo da cochonilha. Após a eclosão, as larvas do parasita alimentam-se do corpo da cochonilha e transformam-se em pupas dentro dos restos da cochonilha. Controlar as formigas se estas estiverem a cuidar da cochonilha do algodão, pois podem perturbar significativamente a atividade dos inimigos naturais (**Pinto *et al.*,2002**).

Controlo cultural

A cochonilha do algodão gosta de condições húmidas e frescas e dá-se bem em árvores de citrinos com copas densas. Abra a árvore podando o interior da copa para remover os rebentos, os ramos mortos e os membros que se cruzam, especialmente nas variedades de tangerina e toranja. Também nas árvores jovens, a poda da zona inferior do andaime pode ajudar.

Métodos organicamente aceitáveis

A luta biológica e a luta cultural são aceitáveis para utilização numa cultura certificada segundo o modo de produção biológico.

Monitorização e decisões de tratamento

Monitorização no início da primavera. Monitorizar a cochonilha do algodoeiro examinando 25 árvores no pomar. Afastar os ramos e procurar no interior da árvore fêmeas adultas da cochonilha do algodão durante março-abril. Se encontrar uma infestação, procure também os estádios do escaravelho da vedália (ovos vermelhos ou larvas do escaravelho da vedália) no saco de ovos branco das cochonilhas adultas ou nas caixas de pupas da vedália presas às folhas. **O escaravelho da vedália** é o melhor método de controlo da cochonilha do algodão. **O escaravelho da vedália** cresce muito rapidamente (pode completar quatro gerações no tempo que a cochonilha do algodão leva para completar uma geração) e consome um grande número de ovos e ninfas da cochonilha do algodão num período muito curto de tempo. Quando **os escaravelhos vedalia** chegam a um pomar, podem controlar um problema grave de cochonilha do algodão em 4 a 6 semanas (**Pinto *et al.*, 2002**).

Os insecticidas não são muitas vezes tão eficazes como o escaravelho da Vedalia e são prejudiciais para os inimigos naturais necessários para outras pragas. Se houver estádios do escaravelho da vedália, é muito provável que este controle a cochonilha do algodão, desde que não seja perturbado por pesticidas (**os piretróides, os neonicotinóides e os reguladores de crescimento dos insectos são tóxicos para a vedália**). Se a vedalia não chegar naturalmente a um pomar infestado até ao **fim de março**, é fundamental encontrar estádios deste escaravelho noutra fonte e libertá-los em abril, para lhes dar tempo suficiente (6 semanas) para aumentarem o seu número e controlarem a cochonilha do algodão. Apenas **20** adultos ou larvas **de vedalia** podem ser usados para estabelecer uma população num pomar. **Os escaravelhos Vedalia** são muito sensíveis ao calor e interrompem a produção de ovos e o desenvolvimento larvar quando as temperaturas diárias da região de libertação excedem os 32C° (geralmente em junho). Assim, se a libertação for feita depois de abril, muitas vezes não há tempo suficiente para que a população de escaravelhos **da vedália** exerça um controlo total da cochonilha antes que o tempo quente e as aplicações de pesticidas reduzam a sua eficácia (Williams *et al.*, 2003).

Controlo em junho. Se o escaravelho da vedália não chegar suficientemente cedo ou não se estabelecer suficientemente bem, ou se um tratamento inseticida para outra praga eliminar o escaravelho da vedália, pode justificar-se um tratamento com **buprofezina (Applaud)**, um **organofosforado (malatião, metidatião)** ou **um carbamato (carbaril)**. Monitorizar a cochonilha do algodão examinando 25 árvores no pomar, afastando os ramos e olhando para o interior da árvore. Contar o número de cochonilhas fêmeas adultas vivas (certificar-se de que estão vivas afastando os corpos das cochonilhas - devem ter líquido no interior) por cada ramo de 30 cm. Se o número de cochonilhas fêmeas adultas vivas for superior a 4 por ramo, justifica-se um tratamento **(Williams *et al.*, 2003).**

Os neonicotinóides matam os escaravelhos da Vedalia quando estes entram em contacto com os resíduos ou se alimentam de escamas de algodão que absorveram o inseticida sistemicamente. Os resíduos de **piriproxifeno, buprofezina e imidaclopride** podem durar mais de 5 meses. Um sinal de que **os IGRs** estão a matar os escaravelhos da vedália é a presença de pupas mortas do escaravelho da vedália nas folhas exteriores das árvores. Os IGRs também matam a praga da cochonilha do algodão, mas matam-na muito lentamente. Os pomares que registam os piores problemas com a cochonilha do algodão não são os que são pulverizados com IGRs, porque os IGRs matam a cochonilha do algodão e a cochonilha vermelha da Califórnia. Os piores surtos de cochonilha do algodoeiro ocorrem em pomares vizinhos porque a deriva da pulverização do pomar tratado mata o escaravelho da vedália mas não a cochonilha do algodoeiro. Os **neonicotinóides** não têm qualquer efeito na cochonilha do algodoeiro (**Raeda *et al.*, 2009**).

Cochonilhas *Planococcus citri*

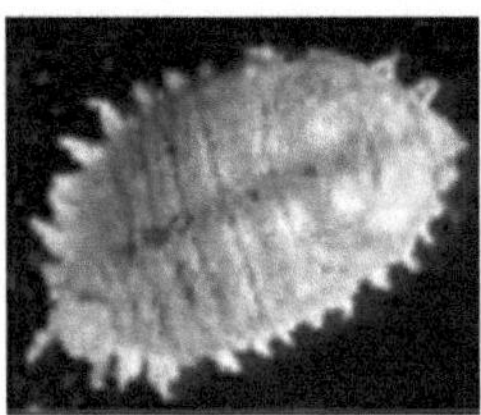

Planococcus citri

Descrição: As fêmeas e as ninfas são insectos macios, ovais, sem asas, com 1/8 de polegada ou menos, cobertos de cera branca e fofa, rodeados de tufos de cera branca e com caudas longas. Os machos são insectos minúsculos, semelhantes a mosquitos, com um par de asas.

A **cochonilha dos citrinos** é outra espécie comum que ocorre numa grande variedade de culturas em estufa e em viveiro, alimentando-se das partes acima do solo das plantas, nas gemas dos rebentos e na folhagem. As fêmeas não possuem longos filamentos cerosos na cauda e produzem massas (400 a 600) de ovos minúsculos que são cobertos por um "saco" (ovisaco) de massa de cera branca, densa, fofa e visível, sendo por vezes designados por "ninhos". A maior parte das espécies de cochonilhas alimenta-se de folhagem, flores, frutos e caules, mas algumas, como as **cochonilhas do solo** (*Rhizoecus* sp.), alimentam-se de raízes de azevinho, violeta africana e outras plantas.

Ciclo de vida: Em climas quentes, crê-se que as crias vivas de cochonilhas de cauda longa são produzidas sem que haja produção de ovos. As ninfas muito jovens (rastejantes) são achatadas, ovais e amarelas. Desenvolvem-se através de várias fases (instares) ao longo de várias semanas antes de atingirem a maturidade sexual. Os machos alados emergem de casulos minúsculos e fofos e voam até à cochonilha fêmea para acasalar.

Habitat e fonte(s) de alimento: Pragas de numerosas plantas hospedeiras.

Estado da praga, danos: São atacados novos rebentos e folhas de uma vasta gama de plantas de estufa e de interior, incluindo macieiras, abacateiros, citrinos, hera inglesa, ficus, gardénias, jasmins e loendros. Os danos nas plantas são causados pela perda de seiva extraída por um elevado número de cochonilhas, resultando em folhas murchas, distorcidas e amareladas (cloróticas), queda prematura das folhas, crescimento atrofiado e, ocasionalmente, morte das plantas ou partes de plantas infestadas. A seiva pegajosa e açucarada excretada pelas cochonilhas chama-se melada e cai nos objectos que se encontram por baixo do local da infestação. Um fungo preto chamado bolor fuliginoso coloniza as folhas cobertas de melada, dando-lhes um aspeto escuro e inestético.

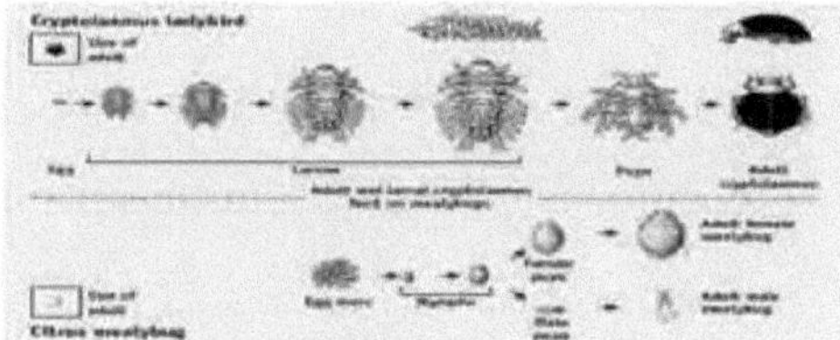

Ciclo de vida da cochonilha dos citrinos

A cochonilha dos citrinos, *Planococcus citri* (Risso) (Hemiptera: Pseudococcidae) ataca muitas plantas hospedeiras, incluindo todas as árvores de pomar no Egito. **Ahmed e Abd-Rabou,(2010)** fizeram um levantamento das plantas hospedeiras, da distribuição geográfica e dos inimigos naturais da cochonilha dos citrinos, *P.citri*, no Egito. Os resultados indicaram que a cochonilha dos citrinos infestou 65 espécies de plantas pertencentes a 56 géneros em 36 famílias e distribuídas em 20 províncias.

Foram recolhidas e registadas doze espécies de parasitóides, uma das quais constitui um novo registo. Trata-se de *Leptomastix abnormis* Girault (Hymenoptera: Encyrtidae). Também nove espécies de predadores registadas aqui atacaram *P.citri*. Os resultados também observaram que as plantas hospedeiras e as temperaturas influenciaram muito o desenvolvimento de *P. citri.* Estes resultados indicaram que *P. citri* prefere os citrinos, seguido da goiaba e da uva.

Afifi *et al.*, (2010) descobriram que o predador coccinelídeo *Cryptolaemus montrouzieri* Mulsant (Coleoptera: Coccinellidae) foi utilizado para controlar a cochonilha dos citrinos *Planococcus citri* (Risso.) (Homoptera: Pseudococcidae) nos arbustos ornamentais de cróton, *Codiaeum variegatum* L. na província de Giza, Egito. *Cryptolaemus montrouzieri* Mulsant, 50 adultos/arbusto de cróton, foram libertados uma vez em 27 de outubro de 2008 em campo aberto. Os resultados obtidos indicaram que as percentagens de redução entre as massas de ovos, ninfas e adultos de *P. citri*, um mês após a libertação do predador, atingiram 41,5, 42,3 e 57,5%, respetivamente.

Dois meses depois, as taxas correspondentes foram de 80,6, 86,5 e 91,5%. Finalmente, após três meses de libertação do predador, as taxas de redução atingiram 100% para todas as fases da praga. Os inimigos naturais associados no campo eram constituídos por três insectos predadores e uma espécie parasita. Os insetos predadores assegurados foram o predador hemerobiídeo, *Sympherobius amicus* Navas; o predador coccinelídeo, *Scymnus syriacus* (Mars.) e o predador crisopídeo, *Chrysoperla carnea* (Stephens). A espécie parasita foi o encyrtid, *Coccidoxenoides peregrinus* (Timberlake). Os inimigos naturais acima mencionados foram encontrados a alimentar-se da cochonilha dos citrinos, *Planococcus citri*, que infestava os arbustos de cróton. Na segunda época, 2009, não foram encontrados indivíduos da cochonilha, *P. citri*, nos arbustos de cróton.

Pulgões

Pulgão do feijão preto :*Aphis fabae*

Pulgão do feijão-frade: *Aphis craccivora*

Pulgão do algodão ou do melão: *Aphis gossy*

Pulgão do oleandro: *Aphis nerii*

Pulgão verde dos citrinos: *Aphis spiraecola* Pulgão verde do pêssego: *Myzus persicae*

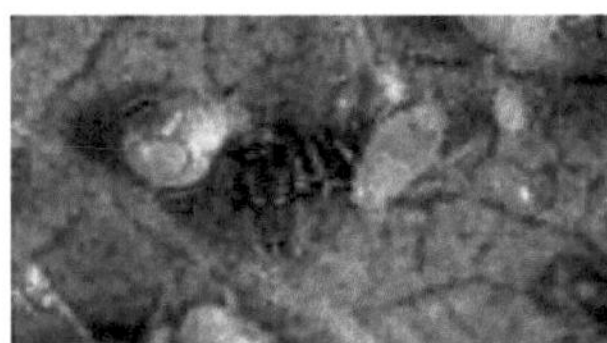

Pulgões (ninfas e adultos) e pulgões-mãe

Descrição das pragas

As diferentes espécies de pulgões podem ser distinguidas pela cor, por exemplo: os pulgões da espirea são sempre verdes, enquanto que o pulgão do algodão pode variar de amarelo, verde ou preto. Uma colónia de pulgões do algodão é geralmente composta por várias formas de cores diferentes. Os pulgões negros dos citrinos são, como o seu nome indica, negros.

Hospedeiro(s): O afídeo é uma das espécies mais polífagas que se alimenta de mais de 200 plantas (CAB International, 2000). O hospedeiro primário é geralmente *Euonymus europaeus* (árvore de fuso). *O Aphis fabae* é altamente polífago em hospedeiros secundários, que incluem muitas plantas cultivadas. Nas regiões temperadas, as suas principais culturas hospedeiras são *Vicia faba* (favas) e *Beta vulgaris* (beterraba), enquanto que nas regiões tropicais, a grandes altitudes, o seu principal hospedeiro é *Phaseolus vulgaris* (feijão). *A. fabae* sensu stricto é substituída nas regiões mais quentes por *A. fabae solanella*, que tem uma gama de hospedeiros mais restrita e se alimenta de plantas de menor importância económica, embora estas incluam *Solanum* spp. (Blackman e Eastop, 1984). *Citrus deliciosa* (tangerina do Mediterrâneo), *Citrus sinensis* (laranja de umbigo), (CAB International, 2000).

Parte(s) da planta afetada(s): Pontos de crescimento, inflorescência, folha, planta inteira (CAB International, 2000).

Danos

Os afídeos alimentam-se dos **gomos** e da **parte inferior das folhas** (principalmente do crescimento das penas), fazendo com que **as folhas se enrolem** em direção ao caule. O pulgão da espirea, o pulgão preto e o pulgão do algodão/melão podem transmitir ***o vírus da tristeza dos citrinos***. No entanto, como a taxa de transmissão é bastante baixa e os insecticidas não são muito eficazes na prevenção da transmissão do vírus, não se recomenda o controlo inseticida dos afídeos.

Biologia: pulgão ou piolho das plantas, inseto minúsculo, de corpo mole e em forma de pera, prejudicial à vegetação. É também designado por mosca verde e ferrugem. Os pulgões têm, na sua maioria, menos de /$^{1}{}_{4}$ in. (6 mm) de comprimento. Alguns não têm asas; outros têm dois pares de asas transparentes ou coloridas, sendo o par anterior mais comprido do que o posterior. Nos afídeos típicos (família Aphididae), dois tubos denominados cornicelas saem da parte posterior do abdómen e exsudam substâncias protectoras. Os afídeos alimentam-se inserindo os seus bicos nos caules, folhas ou raízes e sugando os sucos das plantas. Normalmente, reúnem-se em grandes colónias.

O ciclo de vida dos afídeos é complexo e varia consoante a espécie. Num ciclo de vida típico, várias gerações de fêmeas sem asas, que se reproduzem assexuadamente e dão origem a descendentes vivos, são seguidas por uma geração de fêmeas aladas, que dão origem a uma geração de machos e fêmeas que se reproduzem sexualmente e põem ovos. O acasalamento ocorre geralmente no outono e os ovos são depositados em fendas dos ramos da planta hospedeira; a primeira geração de fêmeas sem asas eclode na primavera. Diferentes plantas hospedeiras e diferentes partes da planta podem ser utilizadas em diferentes fases do ciclo de vida (Mohamed e Abdulla,1988;CAB International, 2000).

Gestão

Os afídeos não são geralmente um problema nos citrinos, exceto nas árvores jovens, porque as suas populações diminuem quando a folhagem endurece. Os inimigos naturais controlam normalmente as populações de afídeos e raramente se justifica uma pulverização. O tratamento dos afídeos para evitar a transmissão do vírus da tristeza não se revelou eficaz.

Controlo biológico

Uma série de **predadores coccinelídeos** e **sirfídeos, parasitas** e **doenças fúngicas** mantêm geralmente as populações de afídeos abaixo dos níveis prejudiciais. Uma população moderada de afídeos (cerca de 40% dos fluxos de crescimento infestados) pode ser considerada benéfica em árvores maduras, porque os afídeos e a sua melada fornecem uma boa fonte de alimento para os **inimigos naturais** de outras pragas no início da estação, quando não há outros hospedeiros disponíveis (**Kannan** *et al.*,**2003**).

Métodos organicamente aceitáveis

O controlo biológico é aceitável em citrinos geridos segundo o modo de produção biológico.

Decisões de tratamento

Em árvores recém-estabelecidas e em novos fluxos de crescimento em árvores maduras, não é raro que os pulgões causem o enrolamento das folhas e produzam melada.

O tratamento não é normalmente necessário porque os citrinos podem tolerar um enrolamento extenso das folhas sem efeitos na produção.

Quadro (9): Pesticidas utilizados no controlo dos afídeos.

Nome comum (designação comercial)	**Montante a utilizar/ 4000m^2**	**R.E.I. (horas)**	**P.H.I. (dias)**
Piretrina/Rotenona (Pyrellin E.C.)	**100-250 ml**	**12**	**12 horas**
(Pyrellin E.C.) +*Óleo de gama estreita	**100-250 ml +*1,2 L/400L Água**	**4**	**Quando seco**

Lagarta-das-folhas dos citrinos

Phyllocnistis citrella

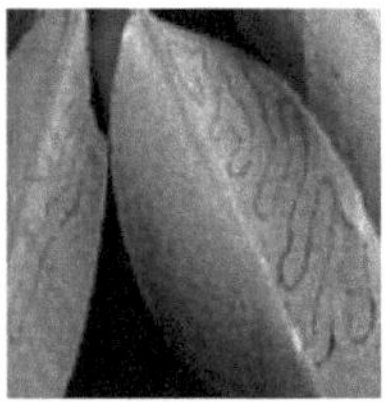

Laminador de folhas

Introdução

A Lagarta-dos-citrinos (LMC), *Phyllocnistis citrella* Stainton, é uma praga potencialmente grave dos citrinos e das Rutáceas afins, bem como de algumas plantas ornamentais relacionadas (Clausen 1933, Kalshoven e Laan 1981, Beattie 1989). A MVC foi anteriormente interceptada nos EUA em 1914 (portos não assinalados) em importações de citrinos e de plantas hortícolas *de Atalantia* das Filipinas (Sasscer 1915). Em 1993, quando foi finalmente descoberta na Florida, constituiu um novo registo para a Florida, os Estados Unidos continentais e o hemisfério ocidental. No Egito, a MVC foi registada pela primeira vez em julho de 1994, no lado oriental do Delta do Nilo. No final do ano, tinha-se espalhado por todo o país. Atacou todas as variedades de citrinos nos pomares e viveiros e foi declarada praga económica em 1995. A extensão exacta dos danos ainda não foi avaliada. Registaram-se cerca de 13 gerações de LMC durante o ano, com as populações mais elevadas de Setemper a novembro (CAB, International, 2000).

Distribuição

Espécie asiática muito difundida (Clausen 1931, 1933, CAB 2000), descrita em Calcutá, Índia (Stainton 1856), a CLM é conhecida desde a África Oriental - Sudão até ao Iémen (Badawy 1967), passando pelo sul da Ásia - Arábia Saudita até à Índia (Fletcher 1920) e Indonésia (Kalshoven e Laan 1981), para norte até Hong Kong e China, Filipinas (Sasscer 1915), Taiwan (Chiu 1985, Lokc , 1988) e sul do Japão (Clausen 1927). Também pode ser encontrada na Nova Guiné e nas ilhas vizinhas do Pacífico (CAB 2000). Foi introduzida na Austrália antes de 1940 e, em 1995, já se tinha espalhado por todo o continente (Beattie e Hardy 2004). A LMC também ocorre na África do Sul e em partes da África Ocidental

No hemisfério ocidental, a doença foi descoberta pela primeira vez na Florida em maio de 1993 em vários viveiros de citrinos em Homestead, Florida, noutras partes do condado de Dade e nos condados de Broward e Collier. Desde então, espalhou-se por todos os condados de citrinos da Flórida. Em 1994, espalhou-se para o Alabama, Louisiana e Texas (Nagamine e Heu 2003). Em 1995, a larva dos citrinos foi descoberta na América Central, no oeste do México e em várias ilhas das Caraíbas (Jones 2001). Em 2000, chegou ao sul da Califórnia vindo do México (Grafton e Montez, 2009) e foi detectado pela primeira vez no Havai, em Oahu, espalhando-se para Kauai e Maui em 2001 e para Molokai e Havai (a Ilha Grande) em 2002 (Nagamine e Heu 2003)

Biologia

A biologia da LMC foi descrita por vários investigadores, incluindo Badawy (1967), Beattie (1989), Clausen (1927, 1931, 1933), Fletcher (1920), Kalshoven e Laan (1981) e Latif e Yunus (1951). A larva-minadora dos citrinos é uma traça muito pequena e de cor clara.

As larvas de citrinos **adultas** são pequenas mariposas com cerca de 2 mm de comprimento (menos de 0,12 polegadas) e uma envergadura de cerca de 4 mm. Têm **asas anteriores iridescentes prateadas** e **brancas** com marcas **castanhas** e **brancas** e uma **mancha preta distinta** na **ponta de cada asa**. **As traças** são mais activas desde o anoitecer até **ao início da manhã** e passam o dia a descansar na parte inferior das folhas, mas raramente são observadas. Pouco depois de sair da caixa pupal, a fêmea emite uma feromona sexual que atrai os machos.

As fêmeas põem os ovos isoladamente na parte inferior das folhas. **Os folíolos recém-emergidos** (flush), particularmente ao longo da nervura média, são o local de oviposição preferido.

Os ovos eclodem cerca de 4-5 dias após a postura e **as larvas recém-eclodidas** começam imediatamente a alimentar-se em **minas** rasas e sinuosas **nas folhas**. À medida que a larva aumenta de tamanho, a **mina** torna-se mais visível e os excrementos das larvas formam um rasto fino e central de excrementos dentro da mina. **As larvas mudam 4 vezes** num período de 1 a 3 semanas. As larvas maduras criam pupas dentro da mina, enrolando o bordo da folha e protegendo a **pupa** com seda. Todo o ciclo de vida do inseto demora 2 a 7 semanas a completar-se, dependendo da temperatura e das condições meteorológicas. As actividades da larva-dos-citrinos variam um pouco com a localização no estado devido às diferenças nas condições climáticas e à descarga das árvores de citrinos. Em geral, a cigarrinha dos citrinos está ativa desde meados do verão até ao outono e início do inverno.

Danos

As larvas do parasita dos citrinos alimentam-se criando túneis pouco profundos, designados por minas, nas folhas jovens. Encontra-se mais frequentemente nos citrinos (laranjas, tangerinas, limões, limas, toranjas e outras variedades) e em plantas estreitamente relacionadas (kumquat e calamondina). As larvas minam a superfície inferior ou superior das folhas, provocando a sua **ondulação e distorção**. As árvores de citrinos maduras (com mais de 4 anos) toleram geralmente **os danos** nas **folhas** sem qualquer efeito no crescimento da árvore ou na produção de frutos. **É provável que a larva-minadora dos citrinos cause danos em viveiros e novas plantações**, porque o crescimento das árvores jovens é retardado pelas infestações da larva-minadora. No entanto, mesmo quando as infestações da larva-minadora dos citrinos são fortes em árvores jovens, é pouco provável que as árvores morram (Jones 2001). Atualmente, é considerada uma praga importante em viveiros de citrinos e em árvores jovens ou de enxertia superior. O impacto significativo no crescimento e no rendimento não ocorre normalmente nas árvores após os quatro anos de idade (Browning *et al.*, 2006). No entanto, *P. citrella* também é conhecida por aumentar a taxa de propagação do cancro cítrico causado pela bactéria *Xanthomonas citri*, abrindo a cutícula da folha à infeção e aumentando o número e a gravidade das lesões, aumentando assim o inóculo (Xiao *et al.*, 2007)

Gestão

Pomares de citrinos maduros (com mais de 4 anos). Embora o novo fluxo de árvores maduras possa ser fortemente danificado pela larva-minadora dos citrinos e ter um aspeto inestético, a produção e o crescimento das árvores da maioria das variedades não serão afectados. Por conseguinte, os tratamentos insecticidas não são geralmente necessários nos pomares de citrinos maduros. A exceção são os limões da costa, que têm vários fluxos de crescimento. Os danos causados pela larva-minadora dos citrinos enfraquecem as folhas, tornando-as mais susceptíveis aos danos causados pelo vento e a outras pragas; estão em curso estudos para determinar se o rendimento também é afetado.

Em todo o mundo, as populações de larvas de citrinos são bastante bem controladas por vespas parasitas.

Pomares de citrinos jovens (com menos de 4 anos). Como a larva-minadora dos citrinos pode retardar o crescimento das árvores jovens, aplique insecticidas nos viveiros de citrinos e nas novas plantações de citrinos. **O imidaclopride (Admire ou Nuprid)** aplicado através da irrigação de árvores jovens ou no solo de citrinos em vasos proporciona o período de controlo mais longo (1 a 3 meses). A duração do controlo depende do espaçamento entre árvores e das condições do solo e da irrigação. As aplicações temporais de **Admire ou Nuprid** devem proteger os períodos de descarga (Besheli, 2006).

Os insecticidas foliares suprimem a larva dos citrinos durante períodos mais curtos (várias semanas) em comparação com o **Admire ou o Nuprid. Os tratamentos foliares** são eficazes apenas durante 2 a 3 semanas, porque os adultos da larva dos citrinos põem ovos em novos rebentos que não estavam presentes na altura do tratamento. Foi demonstrado que **o óleo** funciona como um dissuasor temporário da oviposição em viveiros, mas deve ser utilizado com cuidado para evitar a fitotoxicidade. **O diflubenzurão (Micromite)** é eficaz sobretudo contra os ovos e as fases larvares (Besheli, 2006).

Controlo cultural

A traça-das-folhas-dos-citrinos é atraída pelos novos fluxos das árvores de citrinos. Evite podar os ramos vivos mais do que uma vez por ano, para que os ciclos de floração sejam uniformes e curtos. Quando as folhas endurecerem, a praga não conseguirá minar as folhas. Não podar as folhas danificadas pela larva-minadora dos citrinos, porque as zonas não danificadas das folhas continuam a produzir alimentos para a árvore. Não aplique fertilizantes azotados nas alturas do ano em que as populações de cigarrinhas são elevadas e o crescimento do fluxo será gravemente prejudicado.

Os rebentos vigorosos, conhecidos como rebentos de água, desenvolvem-se frequentemente nos ramos e acima da união do enxerto no tronco de árvores maduras. Estes rebentos crescem rapidamente e produzem novas folhas durante um período de tempo prolongado. Nos locais onde a larva dos citrinos é um problema, remova os rebentos de água que possam servir de local de postura dos ovos da traça (oviposição). Remova sempre os rebentos vigorosos que crescem do tronco abaixo da união do enxerto, porque são originários do porta-enxerto e não produzem frutos desejáveis.

Controlo

Existem **armadilhas iscadas** com uma feromona (atractor sexual de insectos) para a larva dos citrinos e são uma ferramenta útil para determinar quando as traças voam e depositam os ovos. Pendure uma armadilha com a feromona no interior de uma árvore de citrinos, aproximadamente à altura do peito, durante os meses de março a novembro. Siga as recomendações do fabricante para a manutenção da armadilha, tais como a frequência com que as feromonas devem ser substituídas. Utilize uma **armadilha de feromonas** por cada $4000m^2$ s. Verifique semanalmente se existem traças nas armadilhas. A traça-das-folhas-dos-citrinos pode ser capturada nas armadilhas em quase qualquer altura da estação de crescimento. No entanto, esta espécie é mais abundante quando os citrinos estão a ser expelidos nos meses de verão e outono. Estas armadilhas ajudam a determinar quando é que os machos voam e quando é que se devem aplicar os insecticidas, se necessário. **Os ovicidas**, como o **óleo** ou **o diflubenzurão (Micromite)**, devem ser aplicados durante os picos de voo das traças.

Em 1995, foram testados óleo mineral de verão, IGR, OPI e compostos naturais em viveiros e em árvores de produção. Os resultados do primeiro ano mostraram que os compostos organofosforados não eram eficazes. O composto natural Vertimec EC 1,8%, na proporção de 25 ml + 250 ml de óleo mineral (óleo KZ)/100 litros de água, 1 litro de óleo mineral/100 litros de água e 50 ml de Admiral (IGR) + 300 ml de óleo mineral (óleo KZ)/100 litros de água, foi eficaz contra a MVC, sem variação significativa entre tratamentos. De acordo com os resultados destes ensaios, o óleo mineral de verão à taxa de 1% foi recomendado devido ao controlo satisfatório da MVC, ao efeito mínimo nos inimigos naturais e ao baixo custo.

Até à data, foram registadas sete espécies de parasitóides da MVC no Egito:

três não são identificadas e quatro são identificadas como se segue: ***Cirrospilus pictus*** (Nees) em Gizé e Benisuaife, ***Ratzeburgiola incomplete*** Boucek, em Kalubia, ***Baryscapus* sp.** em Kalubia, e ***Pnigalio* sp.** em Kalubia e Assiout.

Xiao *et al.*, (2007) avaliaram as contribuições individuais de predação e parasitismo para as coortes de ***P. citrella*** por exclusão e por observação direta de minas de folhas no Solda. A predação, particularmente por formigas, foi a maior causa individual de mortalidade de *P. citrella*, representando mais de 30% de todas as mortes por inimigos naturais, e 60% de todas as mortes por predadores. Os primeiros e segundos instares de *P. citrella* foram os mais sujeitos à **predação por formigas. *Ageniaspis citricola*** foi o parasitoide mais importante de *P. citrella* e causou 8,2-28,6% de mortalidade em comparação com 9,6-14,7% de parasitóides indígenas. A mortalidade biótica total de P. *citrella* observada em experiências de exclusão foi de 52-85%. Estes resultados estão basicamente de acordo com 89% de mortalidade, predominantemente por predação, obtida pela reconstrução de uma coorte a partir de observações de folhas recentemente minadas. Uma tabela de vida parcial baseada nestes dados previa uma taxa de crescimento inata (Ro) de 2,8 e, por conseguinte, um aumento de quase 3 vezes por geração. Estes resultados indicam que, embora a mortalidade biótica tenha um impacto considerável nas populações de *P. citrella*, a predominância da predação sugere que o complexo de parasitóides desta praga exótica na Flórida é depauperado e seria provavelmente melhorado por introduções adicionais.

Quadro (10): Pesticidas utilizados para o controlo da Lagarta dos citrinos.

Nome comum (designação comercial)	Quantidade a utilizar	R.E.I. (horas)	P.H.I. (dias)
Admirar	210- 420ml/4000m²	12	0
Nuprid	300-600 l/4000m²	12	0
Abamectina +Faixa estreita 415 oi	300ml/4000m² +1%	12+4	[7]+quando seco

R.E.I. = Intervalo de entrada restrito

I.H.P. = Intervalo entre colheitas

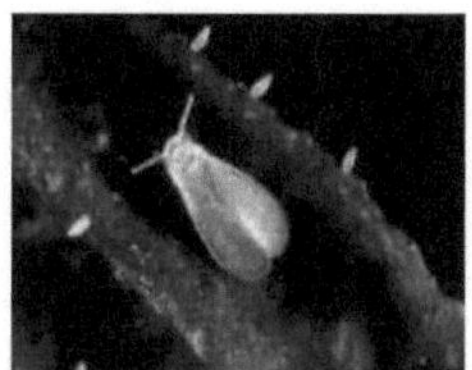

Whitefly

Moscas brancas

Mosca branca lanosa: *Aleurothrixus floccosus*

Mosca branca dos citrinos: *Dialeurodes citri*

Mosca branca da baga: *Parabemisia myricae*

Mosca branca de Geenhouse: *Trialeurodes vaporariorum*

Mosca branca da cebola: *Bemisia tabaci*

Descrição das pragas

As moscas brancas são pequenos insectos voadores cujo nome deriva da cera branca farinhenta que cobre as asas e o corpo. Embora as moscas brancas adultas tenham um aspeto semelhante, as fases imaturas são mais distintas. As pupas e outros estádios imaturos da mosca branca **lanosa** estão cobertos de filamentos cerosos encaracolados e encontram-se exclusivamente na parte inferior das folhas; as pupas da mosca branca da **baga da baía** têm uma franja de cera clara à volta da margem do corpo; as pupas da mosca branca **dos citrinos** têm uma forma de Y distintiva no dorso; e as pupas da mosca branca das cinzas têm uma faixa espessa de cera ao longo do dorso e uma franja de tubos minúsculos, cada um com uma gota de líquido na extremidade.

Hospedeiro(s): *Aleurothrixus floccosus* é uma espécie de mosca branca polífaga com uma vasta gama de hospedeiros que abrange mais de 50 espécies de plantas em 43 géneros e 32 famílias (Nakahara, 1983). No entanto, na região mediterrânica, onde a mosca branca foi introduzida, infesta quase exclusivamente espécies do género *Citrus* (CAB International, 2000).

Parte(s) da planta afetada(s): Fruto (Vulic e Beltran, 1977); **inflorescência** (CAB International, 2000); **folha** (Salinas *et al.*, 1996; Vulic e Beltran, 1977); **caule** (CAB International, 2000).

Biologia: Os adultos medem entre 0,7 e 1,2 mm de comprimento, têm o corpo amarelo-claro e as asas brancas pulverulentas. As asas são dobradas de forma plana, deixando uma fenda em forma de V e com pouca sobreposição. Os adultos emergentes são de cor branca amarelada e raramente voam (Fasulo e Brooks, 1997). Os adultos de *A. floccosus* são muito preguiçosos e, uma vez perturbados, raramente ganham asas ou voam apenas pequenas distâncias (Salinas *et al.*, 1996). A dispersão dos adultos pode ser muito acelerada pelo vento, veículos e seres humanos (Salinas *et al.*, 1996). A mosca branca lanuda deriva o seu nome dos numerosos filamentos brancos cerosos, semelhantes a lã, que se desenvolvem a partir do terceiro e quarto instares ninfais.

A reprodução é sexual. Paulson e Beardsley (1986) e Salinas *et al.* (1996) observaram que a oviposição ocorre no prazo de um dia após a emergência do adulto. A fêmea insere as suas peças bucais na parte inferior da folha e depois roda enquanto deposita os ovos (CAB International, 2000; Salinas *et al.*, 1996). Os ovos são depositados na parte inferior das folhas maduras e inseridos nos tecidos foliares (Salinas *et al.*, 1996). Vulic e Beltran (1997) estudaram esta mosca branca em citrinos em Espanha e verificaram que ela oviposita nos frutos. Os ovos são postos individualmente, em pequenos grupos, num círculo, num círculo parcial ou em anéis concêntricos (círculos sobrepostos) com a fêmea no centro (Fasulo e Brooks, 1997). Esta distribuição varia consideravelmente, nomeadamente em condições de densidade elevada de adultos, quando os ovos tendem a ser dispersos ao acaso (Rose e DeBach, 1994). As fêmeas põem uma média de 42178 ovos, com uma eclodibilidade que varia entre 92-100% em condições laboratoriais (Salinas *et al.*, 1996). Os ovos têm forma de feijão ou são curvos, sem reticulações, e estão ligados por um pedúnculo curto (Rose e DeBach, 1994). Os ovos recém-colocados são opacos ou esbranquiçados, mas rapidamente se tornam castanho-escuros a pretos, e são parcialmente cobertos por secreções cerosas brancas dos adultos.

Existem quatro estádios ninfais (Salinas *et al.*, 1996). As ninfas de primeiro instar são de cor verde-clara ou amarela, e as restantes são castanhas. À medida que a ninfa cresce, segrega uma substância branca, cerosa e pulverulenta que cobre o corpo. Em geral, as ninfas são activas apenas durante o primeiro instar (ou rastejante), tornando-se sésseis nos restantes instares ninfais (van Lenteren e

Noldus, 1990). As ninfas recém-eclodidas são móveis durante cerca de 20 minutos, mas fixam-se ao longo de uma nervura na parte inferior de uma folha (Salinas *et al.*, 1996). As pupas são geralmente cobertas por fios de cera brancos que são muito visíveis em folhas fortemente infestadas. Quando os fios de cera são removidos, as pupas variam de cor entre o castanho-amarelado e o preto. As ninfas parasitadas são pretas.

Os adultos e as larvas danificam a planta hospedeira sugando a seiva e excretando melada nos frutos e nas folhas, o que leva ao crescimento de bolor fuliginoso que interfere com a fotossíntese (Salinas *et al.*, 1996). A longevidade dos adultos varia entre 1-18 dias para os machos e 1-25 dias para as fêmeas (Salinas *et al.*, 1996). O período total de desenvolvimento desde o ovo até à emergência do adulto varia entre 23 e 31 dias, consoante a temperatura (Salinas *et al.*, 1996). A temperaturas constantes de 17°C, 22°C, 27°C e 30°C, foi demonstrado que o desenvolvimento desde a fase de ovo até à fase adulta demorou 80, 45, 30 e 28 dias, respetivamente (CAB International, 2000). A temperaturas mais elevadas, a mortalidade de ovos e ninfas é muito elevada e a temperaturas mais baixas o desenvolvimento é mais lento. Há 4-6 gerações por ano, com hibernação dos vários estádios ninfais durante o inverno (CAB International, 2000). O número de gerações por ano é muito dependente dos parâmetros climáticos ambientais.

Em ambientes mediterrânicos, esta espécie tem um desenvolvimento quase contínuo, apresentando muitas gerações por ano (CAB International, 2000). O ciclo de vida abranda durante os períodos mais quentes e mais frios do ano e, consequentemente, a população do inseto está representada por todas as fases. As maiores densidades do inseto são observadas no outono e na primavera.

Potencial de propagação: Baixo a moderado, voa pouco e tem um comportamento lento; raramente levanta voo quando é perturbado ou voa apenas a curtas distâncias. Os primeiros instares (rastejantes) são capazes de se dispersar no interior da planta hospedeira. A dispersão é efectuada principalmente pelo vento, por veículos e pelo homem.

Importância económica: Elevada, uma vez que a mosca branca lanosa é uma praga de culturas comerciais e tem uma vasta gama de hospedeiros. É capaz de causar danos graves às culturas, uma vez que infestações intensas podem provocar uma rápida deterioração das árvores e a quebra das colheitas.

Danos

As moscas brancas sugam a seiva do floema, o que, nalguns casos, pode fazer com que **as folhas murchem** e **caiam** quando as populações são grandes. No entanto, a principal preocupação das moscas brancas é a produção de melada. **A melada** excretada pelas ninfas acumula **pó** e **favorece o crescimento de bolor fuliginoso**; **grandes infestações escurecem árvores inteiras, incluindo**

frutos, e atraem formigas, que **interferem no controlo biológico das moscas brancas e de outras pragas**.

Gestão

O tratamento químico das moscas brancas não é geralmente necessário; as excepções limitam-se geralmente aos casos em que o biocontrolo foi gravemente perturbado. Aumentar o biocontrolo evitando insecticidas não selectivos para outras pragas e controlando as formigas que se alimentam de açúcar.

Controlo biológico

Vários **inimigos naturais** atacam os **estádios imaturos** da mosca branca e proporcionam um controlo biológico parcial a completo quando não são perturbados por formigas, poeiras ou tratamentos insecticidas. Conservar os inimigos naturais controlando outras pragas com os materiais menos perturbadores disponíveis e controlando as formigas que se alimentam de açúcar.

Controlo cultural

A poda em linhas alternadas para proporcionar refúgio aos parasitas pode trazer alguns benefícios.

Monitorização e decisões de tratamento

Inspecionar a mosca branca durante todo o verão, procurando estádios imaturos na parte inferior das folhas diretamente acima de áreas com melada e/ou bolor fuliginoso. Considerar tratamentos se a contaminação da fruta com melada e bolor fuliginoso atingir níveis que não sejam toleráveis. Os tratamentos especificamente dirigidos à mosca branca não são normalmente necessários porque, geralmente, pelo menos um **neonicotinóide (por exemplo, Assail, Admire, Nuprid, Provado**) ou um **regulador de crescimento de insectos (por exemplo, Esteem, Applaud)** que suprime a mosca branca já foi utilizado uma ou mais vezes na maioria dos pomares de citrinos para controlar as cochonilhas e as pragas de sharpshooter. Não existem limiares de tratamento oficiais para a mosca branca **(Williams *et al.*, 2003)**.

Tripes

Heliothrips haemorrhoidalis

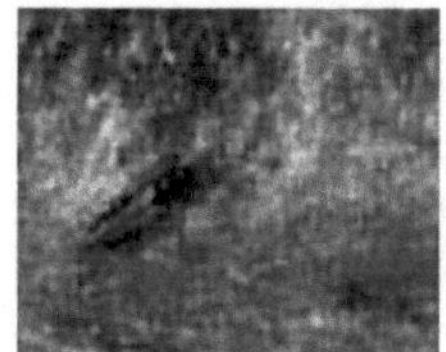

Thrips

Descrição da praga

Os tripes dos citrinos adultos são pequenos insectos amarelo-alaranjados com asas franjadas. Durante a primavera e o verão, **as fêmeas** põem cerca de 25 ovos em **tecidos de folhas** novas**, frutos jovens ou ramos verdes**; no outono, os ovos de invernada são postos sobretudo na última rebentação da estação. **Os ovos invernados** eclodem em março, por volta da altura do novo crescimento primaveril. **As larvas** de primeiro ínstar são muito pequenas, ao passo que as larvas de segundo ínstar têm aproximadamente o tamanho dos adultos, têm forma de fuso e não têm asas. Alimentam-se ativamente de folhas e frutos tenros, especialmente debaixo das sépalas dos frutos jovens. Os tripes **de terceiro** e **quarto ínstares** (pré-pupa e pupa) não se alimentam e completam o seu desenvolvimento no solo ou nas fendas das árvores. Quando os adultos emergem, movem-se ativamente em torno da folhagem das árvores (**CIE, 1961**).

Os tripes não se desenvolvem abaixo de (14°C). Podem produzir até **oito gerações** durante o ano se o clima for favorável.

Ao monitorizar os tripes dos citrinos, é necessário saber **distingui-los dos tripes das flores,** que se alimentam das partes das flores mas não danificam os citrinos. Pouco depois da queda das pétalas, os tripes florais imaturos podem ser vistos a movimentar-se à volta dos frutos jovens, mas depressa se transformam em pupas e os adultos dispersam-se para outras plantas, pelo que só se concentram nos pomares de citrinos durante um curto período na primavera.

Danos

O tripes tem maior importância económica nas laranjas de umbigo, nos citrinos do deserto e nos limões da costa. **Nos frutos**, o tripes perfura as células epidérmicas, deixando **cicatrizes** acinzentadas ou **prateadas** na casca. As larvas de segundo ínstar são as que causam mais danos porque se alimentam principalmente sob as sépalas dos frutos jovens e são maiores do que as de primeiro instar. À medida que os frutos amadurecem, o tecido da casca danificado move-se para fora, por baixo das sépalas, como um anel visível de **tecido cicatrizado**. Os frutos são mais susceptíveis à formação de cicatrizes desde pouco depois da queda das pétalas até terem cerca de 3,7 cm de diâmetro. Os danos causados por tripes são maiores nos frutos localizados na parte externa da copa, onde os frutos também são susceptíveis a danos causados pelo vento e queimaduras solares (Lewis 1997).

Gestão

As populações de tripes podem variar muito de ano para ano. Monitorize para determinar se são necessários tratamentos num determinado ano. As laranjas de umbigo são mais susceptíveis a danos do que as laranjas de Valência, que muitas vezes não necessitam de tratamento.

O tratamento de árvores jovens e não produtivas de um pomar não é recomendado, exceto em casos graves. Embora a folhagem dos citrinos seja frequentemente muito danificada pelo tripes dos citrinos, as árvores saudáveis podem suportar os danos e os tratamentos frequentes podem levar ao desenvolvimento de resistência aos insecticidas, tornando o controlo do tripes nos frutos mais difícil nos anos seguintes.

O tripes é menos problemático nos pomares que recebem tratamentos mínimos com pesticidas de largo espetro do que nos pomares que são muito tratados. Devido à hormoligose induzida pelos pesticidas (isto é, estimulação da reprodução dos tripes), as populações de tripes tendem a aumentar após tratamentos com **organofosforados, carbamatos, piretróides, neonicotinóides foliares e o miticida piridabeno (Nexter) (Williams *et al.*,2003).**

Controlo biológico

Vários inimigos naturais atacam os tripes, incluindo o **ácaro predador *Euseius tularensis* e *Neoseiulus cucumeris*, crisopídeos, asas de poeira e pequenos insectos piratas.** Existe alguma controvérsia quanto ao grau de controlo do tripes dos citrinos proporcionado pelas populações de ***E. tularensis***; estas proporcionam algum controlo mas são também uma espécie "indicadora" muito boa, dando uma indicação do nível geral de inimigos naturais presentes num pomar. Os níveis populacionais de tripes dos citrinos são agravados quando são utilizados pesticidas de largo espetro, provavelmente devido a uma redução dos níveis de inimigos naturais e à hormoligose induzida pelos pesticidas (Van Driesche *et al.*, 2006).

Em alguns anos, quando as densidades de tripes dos citrinos são excessivamente elevadas, nenhuma quantidade de ***E. tularensis*** ou de outros inimigos naturais, em combinação com pesticidas selectivos, pode manter os tripes dos citrinos abaixo de um limiar económico.

Métodos organicamente aceitáveis

O controlo biológico é aceitável para utilização em pomares geridos segundo o modo de produção biológico, bem como a pulverização da formulação Entrust de **espinosade** com um óleo aprovado segundo o modo de produção biológico.

Resistência

O tripes tem um historial de desenvolvimento rápido de resistência a produtos químicos que são utilizados repetida e frequentemente para o seu controlo. Por exemplo, a resistência ao **dimetoato** e ao **cloridrato de formetanato** (Carzol) desenvolveu-se numa série de populações de tripes; **a ciflutrina (Baythroid)** e a **fenpropatrina (Danifol)**. Com o número limitado de pesticidas disponíveis para o controlo de tripes agora e no futuro previsível, é aconselhável monitorizar cuidadosamente os níveis de tripes, limitar os tratamentos apenas às populações que estão a causar ou que se espera que venham a causar níveis significativos de cicatrizes nos frutos (não são recomendados tratamentos para evitar danos foliares) e calendarizar e aplicar os tratamentos de forma óptima para que não sejam necessárias reaplicações. Embora os tripes dos citrinos se dispersem bastante, os problemas de resistência dos tripes são frequentemente localizados. Assim, os produtores que utilizam aplicações repetidas para o controlo dos tripes dos citrinos têm maior probabilidade de ter problemas de resistência numa data posterior (Stumpf *et al.*, 2007). **Seletividade**

O inseticida **botânico sabadilla (Veratran), o neem** e **o espinetorame (Delegate), o espinosade (Success ou Entrust)** e **a abamectina** (Agri-Mek) são relativamente pouco tóxicos para os insectos e ácaros benéficos. Os insecticidas **organofosforados** de largo espetro (dimetoato), carbamatos (cloridrato de formetanato-Carzol) e piretróides (ciflutrina-Baythroid, fenepropatrina-Danitol) são tóxicos e bastante persistentes tanto contra os ácaros como contra os insectos benéficos e perturbam o controlo biológico.

Controlo

Controlar os frutos jovens para detetar tripes imaturos e monitorizar a superfície inferior da folhagem interior para detetar ácaros predadores. Monitorizar desde a queda das pétalas até os frutos terem mais de 1,5 polegadas de diâmetro. No caso das laranjas, o período de controlo é de cerca de 6 a 8 semanas na primavera. No caso dos limões, monitorizar de junho a outubro.

Controlo da presença de tripes nos frutos. Selecionar árvores que se encontrem a três ou quatro filas da extremidade exterior do bloco. Colher 25 frutos jovens de cada canto do talhão, num total de 100 frutos. Retire apenas um ou dois frutos saudáveis e verde-escuros dos ramos exteriores e soalheiros de cada árvore. Procure tripes na extremidade do caule do fruto, sob o cálice. Contar os frutos como infestados apenas se tiverem uma ou mais ninfas sem asas de primeiro ou segundo ínstar (ignorar as pupas e os adultos). Registar o total de frutos infestados com tripes imaturos e calcular a percentagem de frutos infestados. Em variedades muito susceptíveis, monitorizar os frutos pelo menos duas vezes por semana após a queda das pétalas, e continuar a monitorizar enquanto houver frutos susceptíveis na árvore (Van Driesche *et al.*, 2006).

Controlo dos ácaros predadores. Examinar a parte inferior de vinte terminais de 5 folhas com folhas completamente expandidas de zonas sombrias da copa (um total de 100 folhas) e contar o número de ácaros predadores adultos. Calcular e registar o número médio de ácaros predadores por folha. É necessário um mínimo de 0,5 ácaros predadores por folha para ajudar no controlo biológico do tripes dos citrinos.

Decisões de tratamento

Os limiares de tratamento variam consoante a região de cultivo, a cultivar, as populações de ácaros benéficos e o tipo de miticida que vai ser aplicado. Um fator significativo que afecta os níveis de limiar é o facto de o pomar estar abrigado dos danos causados pelo vento (limiar mais baixo) ou ter um historial de cicatrizes exteriores nos frutos causadas por ventos sazonais (limiar mais alto). À medida que os frutos aumentam de tamanho, os limiares de tratamento aumentam. As variedades menos susceptíveis podem não necessitar de monitorização ou tratamento.

Recomenda-se a utilização de **neem, sabadilla (Veratran), espinetorame (Delegate), espinosade (Entrust, Success) ou abamectina (Agri-Mek, etc.)** para evitar a mortalidade grave dos inimigos naturais. **A sabadilla** é um veneno estomacal que contém açúcar ou melaço como isco e que deve ser consumido pelos tripes para ser eficaz. Quando se planeia um tratamento com **sabadilla, spinetoram, spinosad ou abamectina**, as populações de ácaros benéficos são consideradas significativas se houver mais de 1.0 predador por folha. Logo após a queda das pétalas, os limiares de tratamento são os seguintes: laranjas Valência - 10% dos frutos amostrados com um ou mais tripes imaturos e poucos predadores presentes, ou 20% infestados na presença de níveis significativos de ácaros benéficos; laranjas de umbigo - 5% dos frutos amostrados infestados e poucos predadores presentes, ou 10% infestados com níveis significativos de ácaros benéficos. Aumentar estes limiares à medida que os frutos crescem.

O dimetoato, o cloridrato de formetanato (Carzol), a ciflutrina (Baythroid) e a fenepropatrina (Danitol) são venenos de contacto e são mais eficazes quando aplicados pouco antes da eclosão da maioria dos tripes (quando 5% ou menos dos frutos estão infestados com tripes de citrinos de primeiro instar). Nas variedades muito susceptíveis, como as laranjas de umbigo, controlar os frutos pelo menos duas vezes por semana após a queda das pétalas. As variedades menos susceptíveis, como as laranjas Valência, podem não necessitar de tratamento. O momento ideal para a aplicação destes materiais de contacto é geralmente pouco depois da queda das pétalas, mas pode ser adiado dependendo do tempo e do desenvolvimento dos tripes. Se estiver planeada uma aplicação de dimetoato, cloridrato de formetanato, ciflutrina ou fenepropatrina, o limiar é de 1 a 5% de frutos infestados em laranjas de umbigo. Não tratar os tripes dos citrinos antes da floração ou depois de os frutos excederem 1,5 polegadas de diâmetro, a menos que estejam presentes populações graves.

Devido à natureza de frutificação contínua dos limões costeiros, é utilizado um limiar de tratamento de 10 a 20% de frutos infestados, dependendo do facto de o pomar estar abrigado dos danos causados pelo vento (limiar mais baixo) ou de ter um historial de cicatrizes exteriores nos frutos provocadas por ventos sazonais (limiar mais alto).

Quando a monitorização indica que pode ser necessário um tratamento, é essencial calendarizar e aplicar corretamente o tratamento, a fim de reduzir a probabilidade de ser necessário um segundo tratamento e, assim, reduzir o desenvolvimento de resistência a longo prazo. Aplicar o tratamento utilizando cobertura exterior (OC), reduzindo a velocidade do vento do soprador de pulverização. A aplicação terrestre é mais eficaz do que a aplicação aérea e 600 litros por 4000m2 é mais eficaz do que uma galonagem inferior ou superior, exceto no caso dos tratamentos com isco de açúcar ou melaço utilizando sabadilla. Devido ao seu tamanho mais pequeno, os limoeiros costeiros recebem um controlo adequado com uma aplicação aérea. Não existem dados concretos sobre a galonagem ideal com iscos de açúcar, mas alguns produtores acreditam que uma galonagem mais baixa é mais eficaz porque a concentração de açúcar é maior. Não aplicar sabadilla e um isco de açúcar imediatamente antes ou durante períodos de orvalho intenso, nevoeiro ou chuvisco. Estas condições climatéricas fazem com que o isco de açúcar se separe da toxina, tornando o tratamento ineficaz.

Espécie: *Prays citri*

Citrus flower moth
Species: *Prays citri*

Nome(s) comum(es): Traça das flores dos citrinos; traça das flores dos citrinos; broca dos frutos jovens dos citrinos.

Hospedeiro(s): *Os citrinos* são o único hospedeiro primário conhecido. *Citrus aurantifolia* (lima); *Citrus limon* (limão); *Citrus paradisi* (toranja); *Citrus reticulata* (tangerina); *Citrus sinensis* (laranja) (Ibrahim e Shahateh, 1984). Outros hospedeiros secundários incluem *Casimiroa edulis* (sapota branca) e *Ligustrum lucidum* (alfeneiro brilhante) (Sinacori e Mineo, 1997).

Parte(s) da planta afetada(s): Flor, fruto, folha (Ibrahim e Shahateh, 1984).

Distribuição: *A Prays citri* infesta os citrinos no Egito, especialmente na região norte e em diferentes regiões do mundo (CIE, 1982b).

Biologia: *Prays citri* infesta os citrinos no Egito, especialmente na região norte, atacando as folhas, as flores e os frutos em desenvolvimento (Ibrahim e Shahateh, 1984). A lima (*Citrus aurantifolia*) foi a espécie mais suscetível à praga, seguida do limão, da laranja doce, da tangerina e da toranja, por ordem decrescente de suscetibilidade. No laboratório, esta espécie teve 15 gerações sobrepostas de julho de 1978 a junho de 1979, cada uma com uma duração de 14-47 dias, consoante a época do ano (Ibrahim e Shahateh, 1984). A fase de ovo durou 2-6 dias, a fase larvar 7,25 dias, a fase de pupa 3-10 dias e a fase adulta 2-18 dias (com períodos de pré-oviposição, oviposição e pós-oviposição de 2-6, 4-11 e 1-4 dias, respetivamente, nas fêmeas). As fêmeas põem 39-334 ovos cada uma (Ibrahim e Shahateh, 1984).

As observações de campo efectuadas por Mineo (1967) em citrinos (especialmente limão) indicaram que as fêmeas ovipositam não só nos botões florais e nos frutos em desenvolvimento, mas também nos rebentos das folhas e nos frutos maiores; no entanto, as larvas só se desenvolvem com êxito a partir de ovos colocados nos botões ou nos rebentos. São capazes de migrar até certo ponto, mas morrem se encontrarem tecido lignificado nas sépalas ou no pedúnculo ou se perfurarem as células portadoras de sumo ou de óleo nos frutos. As larvas alimentam-se não só dos órgãos reprodutores, unindo-os com fios de seda, mas também dos frutos jovens. A pupação ocorre entre flores ou folhas danificadas (Liotta e Mineo, 1963; Mendonea *et al.*,1997).

Em 1978-79, utilizando armadilhas de feromonas com cápsulas contendo 160 mμ g de (Z)-7-tetradecenal, Mineo *et al.* (1980) verificaram que os machos de *P. citri* eram capturados quase todo o ano, sendo raros apenas no final de fevereiro ou início de março. Durante o mês de agosto, as maiores capturas foram observadas entre meados de maio e meados de julho e entre o início de outubro e o início de novembro. As capturas semanais/armadilha variaram muito consoante a localização da armadilha, de 33 a 1110. A taxa de infestação dos frutos foi de 10-40% no outono de 1978, mas em 1979 foi de 416%. A infestação das flores foi baixa até abril, mas atingiu 100% em maio e manteve-se muito elevada até ao final de junho, quando o número médio de ovos e larvas/flor variou de 6,2 a 7,8. A infestação das flores recomeçou na segunda quinzena de agosto e atingiu 100% em setembro, com um número médio de ovos e larvas de 10/flora. A relação entre as capturas de machos e o grau de infestação é largamente influenciada por factores culturais e climáticos.

A fenologia dos estádios pré-imaginais de *P. citri* foi estudada em 3 pomares de limoeiros na Sicília em 1986-88 (Mineo *et al.*, 1991). Ovos e larvas desta espécie foram encontrados durante todo o ano, embora fossem mais abundantes nas primeiras 3 semanas de janeiro, do início de maio a meados de julho e do final de agosto até ao final de dezembro. Os resultados indicam que o controlo de *P. citri* deve ser efectuado apenas quando necessário durante os períodos de floração tardia, ou seja, em maio-junho ou agosto-setembro. Na Sicília, registam-se 11 gerações por ano (Jeppson, 1989).

Potencial de entrada: Baixo, uma vez que as larvas se alimentam de citrinos em desenvolvimento (jovens). A lavagem, a escovagem e o enceramento dos citrinos reduziriam ainda mais o risco da sua introdução (Moreno e Garijo, 1978).

Potencial de estabelecimento: Moderado, uma vez que as fêmeas ovipositoras são capazes de migrar até um certo ponto, mas morrem se encontrarem tecido lignificado nas sépalas ou no pedúnculo ou se perfurarem as células portadoras de sumo ou de óleo nos frutos. Esta traça tem uma taxa de reprodução elevada, com mais de 10 gerações por ano, mas tem uma gama limitada de hospedeiros.

Potencial de propagação: Moderado, uma vez que as fêmeas ovipositoras são capazes de migrar até um certo ponto e os adultos podem voar.

Importância económica: Elevada, uma vez que *P. citri* é uma praga grave dos citrinos na zona mediterrânica e no leste e sudeste da Ásia. Sternlicht *et al.* (1990) mostraram que os limoeiros sem quaisquer medidas de controlo diminuem a produção de frutos.

Cigarrinha-das-folhas-dos-citrinos

Empoasca fabae

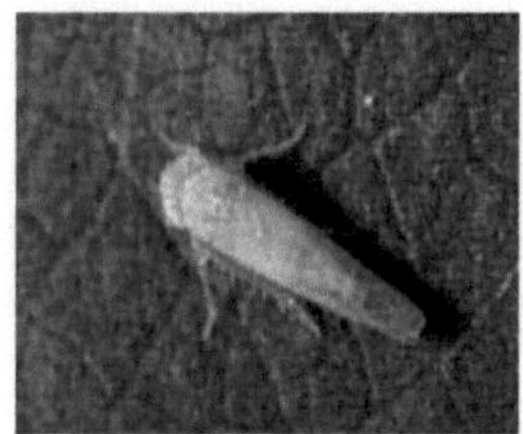

Empoasca fabae

Descrição da praga

A cigarrinha da batata é uma praga potencial dos citrinos em algumas zonas, especialmente em pomares perto de campos de tomate e de algodão. É um **inseto** verde e **delgado** com antenas em forma de cerdas e filas de espinhos ao longo das patas traseiras. Reproduz-se em grande número em plantas silvestres e em culturas arvenses. Durante o final do verão e o outono, as cigarrinhas podem migrar para os pomares de citrinos para passar o inverno no abrigo das árvores.

Danos

A cigarrinha da batata alimenta-se dos frutos perfurando as células da casca, provocando **cicatrizes** arredondadas amareladas a castanhas claras nos frutos. As cicatrizes são particularmente visíveis em frutos verdes e assemelham-se a cicatrizes de oviposição de tripes, exceto que estão mais agrupadas e não têm centros escurecidos.

Gestão

As cigarrinhas não são um problema todos os anos. Além disso, não permanecem muito tempo no pomar. Normalmente, quando são detectadas, as cigarrinhas já desapareceram; um tratamento preventivo é melhor se houver um historial de problemas com esta praga. Um cartão amarelo e pegajoso, como o utilizado para a cochonilha vermelha da Califórnia, ou armadilhas podem ser utilizados para ajudar a determinar se as cigarrinhas estão presentes.

Se aplicar um pulverizador **Bordeaux** no outono contra a podridão castanha e a septoriose, pode querer adicionar um pouco de cal hidratada para repelir as cigarrinhas. Uma vez que se trata de um tratamento preventivo, deve ser efectuado antes da migração para o arvoredo.

Tropinota squalid **(SCOP.)**

Escaravelho rosa

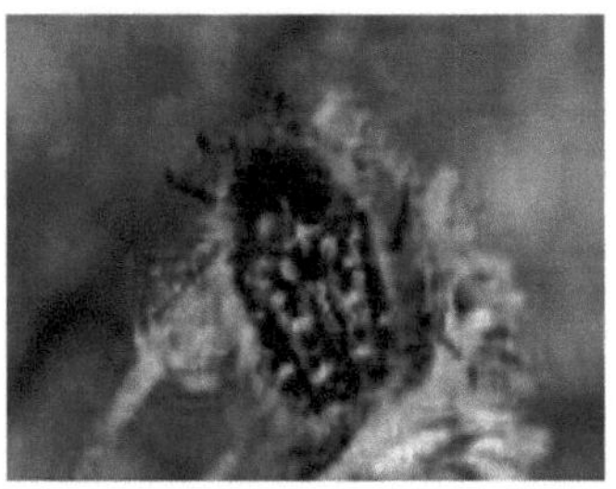

Rose Scarab

Danos:

Foram registados ataques *de Tropinota* às flores e frutos da cereja doce (*Prunus avium*) (Kutinkova *et al.*, 2004), aos citrinos (*Citrus* spp.) (Cutuli *et al.*, 1985), ao cominho (*Carum carvi*) (Hussein e Radwan, 2002) e ao morango (*Fragaria vesca*).

Tropinota squalida causa grandes danos às flores de diferentes culturas, especialmente em pomares de macieiras e citrinos em terras novas (Ortu *et al.*2001, 2003; Dimetry *et al.*, 2005).

Foi considerada como a praga mais destrutiva da cetoniina, causando danos através da alimentação nas partes reprodutivas das flores das plantas (Dimetry *et al.*, 2005).

Biologia e comportamento:

Este escaravelho tem três picos de ocorrência durante os meses de março e abril de cada ano, em que as fêmeas adultas depositam os ovos no estrume. Os ovos eclodem em 3-6 dias e passam por estádios larvares (larvas de 3 instares) que duram 20-25 dias, alimentando-se de estrume no solo. No último instar, as larvas transformam-se em pré-pupas durante 2-3 dias e em pupas após 7-10 dias, transformando-se em adultos. A primeira geração foi abundante no campo entre a primeira e a quarta semana de janeiro e durou 30 dias. A segunda geração foi abundante entre fevereiro e durou 35 dias. A terceira geração apareceu na primeira semana de março e durou cerca de 50 dias e esta geração é a mais importante do ponto de vista económico (Dimetry *et al.*, 2005).

Controlar os insectos:

Estes escaravelhos não podem ser eficazmente suprimidos com insecticidas porque são muito resistentes. A maioria dos insecticidas não pode ser aplicada durante a floração sem afetar as abelhas melíferas, os abelhões ou outras espécies benéficas. Além disso, quase nenhum inseticida pode ser aplicado durante o período de maturação, devido ao período de espera do inseticida (Sherif *et al.*, 2003).

Armadilhas:

Utilizámos as armadilhas de funil Csalomon® VARb3k. A armadilha é composta por três partes plásticas principais: A parte superior, o funil da armadilha e o recipiente inferior. A parte superior é azul claro, que é a melhor pista de atração visual para a *Tropinota*. Este isco é composto por 100 μl de álcool fenetílico + 100 μl de eugenol metílico + 100 μl de anetol trans. (Schmera *et al.*, 2004; Tóth *et al.*, 2005; Vuts *et al.*, 2007).

O funil da armadilha e o recipiente inferior são transparentes. Os escaravelhos são recolhidos no recipiente inferior, que é feito com três pequenos orifícios de 3 mm, para que a água da chuva possa sair.

As armadilhas foram colocadas num local ensolarado na árvore de citrinos, a cerca de 1,2 - 1,5 m de altura. Colocámos quatro armadilhas a 15 m uma da outra, em filas diferentes.

Homam e Mohamed (2006) selecionaram oito óleos de fragrância (rosa, rosa, vanillia, jasmim árabe, menta, jasmim, maçã e pêssego) para determinar o óleo odorífero mais adequado que poderia ser utilizado como isco na armadilha para atrair adultos de *T. squalida*. As armadilhas testadas podem ser organizadas na seguinte ordem decrescente de acordo com a sua capacidade de capturar escaravelhos: rosa, jasmim-da-arábia, rosa, maçã, menta, jasmim, pêssego e vanillia. A sua eficiência, expressa em média diária de captura, foi de 161,07, 71,00, 49,53, 24,80, 16,53, 14,80, 6,20 e 2,67 escaravelhos/armadilha, respetivamente. Os números médios de *T. squalida* capturados pelas armadilhas com iscos de óleo cor-de-rosa sugerem que este é o odor mais adequado para atrair os escaravelhos. Armadilhas com iscos de óleo cor-de-rosa

combinada com a colheita manual pode ser considerada como o método mais eficaz e seguro para controlar os adultos de *T. squalida* em damasqueiros.

Dimetry *et al*., (2005) descobriram que. Alimentar os escaravelhos (*Tropinota squalida*) com dietas contendo 750 p.p.m. de saponinas, 7,5 p.p.m. de RH-2485 e 1,13 p.p.m. de azadiractina reduz a sua descendência de 51 larvas de segundo instar por fêmea para 24, 15 e 15 larvas, respetivamente. Quando as larvas de adultos não tratados são alimentadas durante uma semana com estrume com 75 p.p.m. de saponinas, 50 p.p.m. de RH-2485 e 0,45 p.p.m. de azadiractina, a taxa de emergência de adultos desce de 80% (controlos) para 20, 0 e 13,0%, respetivamente. Nenhum adulto emerge quando o tratamento é continuado até o segundo e terceiro instares larvais. Dois tratamentos tópicos de larvas com 0,2 μ g de hidroprene diminuem a taxa de emergência de adultos de 90 para 11%, e tratamentos com 2 μ g impedem o desenvolvimento de adultos em todos os insectos. Os efeitos observados justificam o teste de azadiractina, RH-2485 e hidroprene no campo.

Abdel-Razek (2010) estudou o potencial dos simbiontes bacterianos na supressão das populações de *T. squalida* na couve-flor, desde o transplante até à colheita. Verificou que foram registadas reduções significativas na percentagem de infestação das plantas e na densidade populacional (/m^2) ao longo das estações de plantação em 2005 e 2006 após a pulverização das plantas. A redução percentual em números/m^2 foi a mais elevada em março para os tratamentos com *Xenorhabdus nematophilus* e *Photorhabdus luminescens*. Os tratamentos também reduziram o limiar económico de *T. squalida* na couve-flor nesta experiência de 1,04 antes da pulverização com *X.nematophlius* para 0,66 após a pulverização em 2005. Em 2006, este limiar foi reduzido para 0,39 e 0,07, respetivamente. O limiar económico de *T. squalida* na couve-flor foi de 1,34 antes e 0,98 depois do tratamento com *P. luminescens* na época de 2005 e reduziu-se para 0,17 antes e 0,0 depois do tratamento em 2006. Isto indica um aumento na comercialização das cabeças colhidas como consequência dos tratamentos mensais. Num ensaio de comparação com os insecticidas convencionais Hostathion e Lannate, não se verificaram diferenças significativas no controlo resultante dos tratamentos com *X. nematophilus* e Lannate. A percentagem de controlo nestes ensaios atingiu 66, 63 e 63, 61% para os tratamentos com *X. nematophilus* e Lannate, respetivamente, nas épocas de 2005 e 2006.

Moscas da fruta

1-Mosca-das-frutas-do-mediterrâneo *Ceratitis capitata* (Wiedemann)

2-A mosca da fruta do pêssego

Bactrocera zonata

Descrição da praga

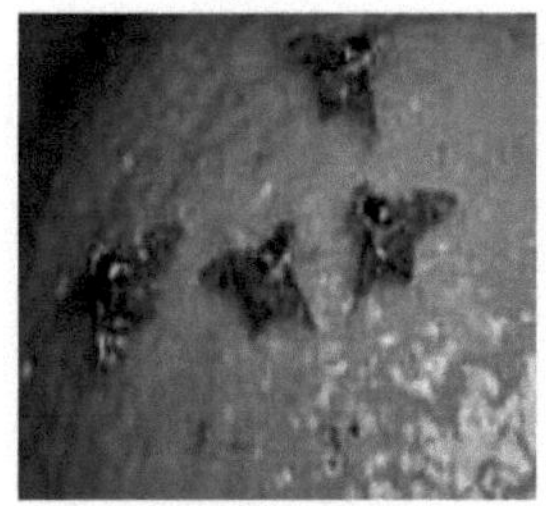

Medfly

A mosca-do-mediterrâneo e a mosca-do-pêssego ln

pragas dos citrinos. Ambas as espécies são um problema nos citrinos de exportação. A mosca-do-mediterrâneo é originária da região mediterrânica da Europa e do Norte de África e cada infestação exigiu procedimentos intensivos e maciços de erradicação e deteção para que a praga não se estabelecesse. A mosca-do-mediterrâneo está estabelecida no hemisfério ocidental na Argentina, Bermudas, Brasil, Costa Rica, Havai e Uruguai. Ocorre na Austrália Ocidental, em muitos países da Europa e África, e em países asiáticos na zona do Mediterrâneo, como **o Egito**, Israel, Jordânia, Líbano e Turquia (Vargas, *et. al.*, 1983).

Além disso, **a mosca da fruta do pêssego**, *Bactrocera zonata*, é nativa da Ásia tropical e está amplamente distribuída na Ásia (White *et al.*, 2001). No início dos anos 80, tinha-se estabelecido na Península Arábica, incluindo a Arábia Saudita, Omã e Iémen (White, 2006).

Invadiu o ecossistema egípcio, onde foi pela primeira vez erroneamente identificada como *Bactrocera pallidus* (Perkins & May) (Abuel-Ela *et al.*, 1998). *A B. zonata* foi detectada no Egito em 1914 (Efflatoun, 1924), em Port Said (costa do Mar Vermelho), mas não existem outros registos que sugiram que a interceção em quarentena tenha sido o início do estabelecimento.

O primeiro registo de estabelecimento de *B. zonata* no Egito foi na província de Kalubia (Cairo Oriental), em 1993, a partir de amostras de goiaba, e mais tarde, no mesmo ano, na província de Fayuom (Cairo Ocidental). Ambas as províncias são zonas de produção de frutos e há uma presença contínua de plantas hospedeiras durante o ano. No ano seguinte, a praga foi detectada na província de Alexandria (Agami), onde o figo está amplamente distribuído, e na província de Gizé (Cairo Ocidental), onde são cultivadas diferentes árvores hortícolas em jardins domésticos. Em 1995, o inseto foi encontrado em outras províncias produtoras de fruta. Em 1997, estava distribuído por todo o Egito, incluindo os oásis de Dakhla e Kharga (oeste do Egito) e no Sinai (leste-norte do Egito), ambos zonas desérticas (Mohamed, 2001; Mwatawala *et al.*, 2009).

Anfitriões:

A mosca da fruta do Mediterrâneo, ou Medfly, é uma das pragas de fruta mais destrutivas do mundo. Devido à sua ampla distribuição pelo mundo, à sua capacidade de tolerar climas mais frios melhor do que a maioria das outras espécies de moscas da fruta e à sua vasta gama de hospedeiros, ocupa o primeiro lugar entre as espécies de moscas da fruta economicamente importantes. Esta praga ataca mais de 260 frutos, flores, legumes e nozes diferentes. Os frutos preferidos são os de pele fina, maduros e suculentos. As preferências dos hospedeiros variam consoante as regiões. As plantas hospedeiras incluem o abacate, a banana, o melão amargo, a goiaba, a manga, a papaia, o pimento e o dióspiro. Embora várias espécies de cucurbitáceas tenham sido registadas como hospedeiras da mosca-mediterrânica, são consideradas hospedeiras muito pobres. Alguns hospedeiros foram registados como hospedeiros de Medfly apenas em condições laboratoriais e podem não ser atacados no campo. O conhecimento dos hospedeiros de um país ajuda muitas vezes a prever corretamente os mais prováveis de serem infestados num país recentemente infestado, mas o que pode ser um hospedeiro preferido numa parte do mundo pode ser um mau hospedeiro noutra. Weems (1981) fornece uma extensa lista de hospedeiros.

As espécies de moscas da fruta são frequentemente registadas em hospedeiros invulgares. Em muitos casos, estes registos são de frutos demasiado maduros ou danificados, ou que já estão infestados por outras espécies.

A Medfly é uma espécie altamente polífaga e o seu padrão de relações com os hospedeiros de região para região parece estar largamente relacionado com os frutos disponíveis (CAB International, 2000). Na região da EPPO, os hospedeiros importantes incluem maçãs, abacates, citrinos, figos, kiwis, mangas, peras e espécies de prunus (CABI/EPPO, 1997).

A Ceratitis capitata ataca uma grande variedade de frutos de folha caduca e subtropicais, com mais de 200 hospedeiros registados (Smith *et al.*, 1997). Outros hospedeiros adicionais incluem: *Actinidia deliciosa* (kiwi), *Anacardium occidentale* (caju), *Ananas comosus* (ananás), *Annona cherimola* (anona), *Annona reticulata* (coração de boi), *Antidesma dallachyana* (cereja do rio Herbert, cereja de Queensland), *Arbutus unedo* (morangueiro irlandês), *Artocarpus altilis* (fruta-pão), *Averrhoa carambola* (carambola), *Capsicum annuum* (pimentão), *Capsicum frutescens* (malagueta), *Carica papaya* (papaia), *Carissa edulis* (ameixa das carandás), *Carissa macrocarpa* (ameixa de Natal), *Casimiroa edulis* (sapote branco), *Chrysophyllum cainito* (caimito), *Citrus aurantifolia* (lima), *Citrus aurantium* (laranja azeda), *Citrus deliciosa* (tangerina do Mediterrâneo), *Citrus limetta* (lima doce), *Citrus limon* (limão), *Citrus limonia* (tangerina), *Citrus madurensis* (calamondina), *Citrus maxima* (pummelo), *Citrus medica* (cidra), *Citrus nobilis* (tangor), *Citrus paradisi* (toranja), *Citrus reticulata* (tangerina), *Citrus reticulata* × *C. paradisi* (tangelo), *Citrus sinensis* (laranja de umbigo), (CAB

International, 2000).

Parte(s) da planta afetada(s): Fruto (Smith *et al.*, 1997).

Danos

Os danos causados às culturas pela mosca da fruta mediterrânica e/ou pela mosca da fruta resultam de

1) Oviposição nos frutos e nos tecidos moles das partes vegetativas de certas plantas,
2) Alimentação das larvas, e
3) Decomposição de tecidos vegetais por microrganismos secundários invasores.

Os danos causados pela alimentação das larvas ocorrem nos frutos. Os frutos maduros atacados podem desenvolver um aspeto encharcado de água. Os frutos jovens ficam distorcidos e geralmente caem. Os túneis das larvas fornecem pontos de entrada para bactérias e fungos que causam o apodrecimento dos frutos. Estas larvas também atacam as plântulas jovens, as raízes axiais suculentas, os caules e os rebentos das plantas hospedeiras.

A importância económica da mosca-mediterrânica não pode ser avaliada apenas do ponto de vista dos danos reais causados às várias culturas afectadas. Deve também ser considerada do ponto de vista da quarentena.

Foram estabelecidas e são vigorosamente aplicadas leis de quarentena destinadas a impedir a entrada e o estabelecimento de moscas em áreas onde não ocorrem. O Governo dos EUA tem leis rigorosas que regulam a circulação de certos produtos para impedir o estabelecimento da Medfly no território continental dos EUA. O Governo japonês restringe a entrada no seu país de produtos atacados por esta praga.

Biologia

O período de tempo necessário para a Medfly completar o seu ciclo de vida em condições tropicais é de 21-30 dias.

Ovos

Os ovos são muito finos, curvados, com 1,5 cm de comprimento, lisos e de cor branca brilhante. São depositados sob a casca dos frutos que estão a começar a amadurecer, muitas vezes numa zona onde já se verificou uma rutura da casca. Várias fêmeas podem utilizar o mesmo buraco de deposição, com 75 ou mais ovos agrupados num só local. Cada fêmea deposita 2 a 10 ovos. Os ovos eclodem em 1,5 a 3 dias em tempo quente (McDonald e Melnnis, 1985).

Larvas

As larvas passam por três instares larvares. Têm a forma típica das moscas da fruta, sendo alongadas, de cor creme, cilíndricas, em forma de larva, com a extremidade anterior estreita e um pouco recurvada ventralmente, com ganchos na boca anterior e extremidade caudal achatada. O comprimento do primeiro estádio larvar é de 1,5 cm ou menos, com o corpo quase todo transparente; o segundo estádio larvar é parcialmente transparente, sendo visíveis os frutos no intestino; o terceiro estádio larvar totalmente crescido tem um comprimento de 1,5 a 2,5 cm, com um corpo totalmente branco opaco ou da cor do alimento ingerido. O tamanho exato da larva depende da alimentação. As larvas distinguem-se das outras larvas de moscas-das-frutas pelos espiráculos anteriores, ou torácicos, que apresentam pequenos túbulos semelhantes a dedos, em número de 7 a 11, tipicamente 9 a 10. **O estádio larvar** pode durar entre 6 e 10 dias ou entre 14 e 26 dias, consoante a temperatura e o hospedeiro. Quando as larvas se desenvolvem completamente e estão prontas para se transformar em pupas, o fruto já caiu no chão, onde ocorre a pupação (Mohamed,2004).

Pupae

As pupas são cilíndricas, com cerca de 1/8 de polegada de comprimento e de cor castanho-avermelhada escura. A duração mínima da **fase de pupa é de 6-13 dias** quando a temperatura média varia entre 25-27°C. **As pupas desenvolvem-se normalmente no solo, uma ou duas polegadas abaixo da superfície**.

Adultos

O **adulto**_ tem um comprimento de 1/6 a 1/5 de polegada, o que corresponde a cerca de dois terços do tamanho de uma mosca doméstica. A cor geral do corpo é amarelada com uma tonalidade castanha, especialmente no abdómen, nas pernas e em algumas marcas nas asas. O abdómen, de forma oval, é revestido na superfície superior por finas cerdas pretas dispersas e tem duas faixas estreitas, transversais e de cor clara na metade basal. A fêmea distingue-se pelo seu longo ovipositor no ápice do abdómen. Quando totalmente estendido, o ovipositor (o tubo de postura dos ovos) é cerca de 6 vezes mais longo do que a sua maior largura.

A superfície superior do tórax é convexa, de cor branca-creme a amarela, marmoreada com manchas negras. As zonas mais claras estão cobertas de cerdas muito finas e das zonas negras do tórax saem várias cerdas negras proeminentes.

As asas, geralmente caídas nas moscas vivas, são largas, transparentes e vítreas com marcas pretas, castanhas e amarelo-acastanhadas, com tonalidades que parecem desbotadas. Existe uma banda amarela acastanhada bastante larga a meio de cada asa. A base extrema é manchada de amarelo acastanhado, com o resto da área basal curiosamente marcada de preto, formando linhas escuras das veias radiais da asa, com manchas escuras entre elas.

A cabeça do macho apresenta duas cerdas longas e pretas, com as pontas achatadas e um pouco em forma de diamante, que surgem entre os olhos, perto das antenas. Os olhos são púrpura-avermelhados.

As fêmeas da mosca-mediterrânica põem entre 1 e 10 ovos numa cavidade de 1,5 cm de profundidade. Pode pôr até 22 ovos por dia e até 800 ovos durante a sua vida (normalmente cerca de 300). As fêmeas geralmente morrem logo após pararem de ovipositar (Mohamed *et al.*, 2008).

Os adultos morrem em grande número dentro de 2-4 dias após a emergência se não conseguirem obter alimento. Normalmente, cerca de 50% das moscas morrem durante os primeiros 2 meses após a emergência. Alguns adultos podem sobreviver até um ano ou mais em condições favoráveis de alimento, água e temperaturas frescas. Quando a fruta hospedeira está continuamente disponível e as condições climatéricas são favoráveis, as gerações sucessivas serão grandes e contínuas. A falta de frutos durante 3 a 4 meses reduz a população a um mínimo.

Gestão

Controlo mecânico

Um dos métodos de controlo mecânico mais eficazes consiste em ensacar os frutos para excluir a postura de ovos. A armadilhagem é um método alternativo, mas não tem sido totalmente eficaz.

Controlo cultural

O principal método de controlo cultural utilizado para controlar esta praga é o saneamento do campo. O saneamento do campo é direcionado para a destruição de todos os frutos não comercializáveis e infestados. Os frutos infestados devem ser enterrados 1,5 m abaixo da superfície do solo com uma adição de cal suficiente para matar as larvas. A colheita semanal de frutos também reduz as fontes de alimento a partir das quais se podem desenvolver grandes populações, mantendo a quantidade de frutos maduros nas árvores a um nível mínimo.

Técnica de insectos esterilizados

A técnica dos insectos estéreis envolve a criação de libélulas em grandes quantidades, esterilizadas com uma pequena quantidade de irradiação e libertadas em áreas onde acasalam com libélulas selvagens que não produzem descendência. Eventualmente, a população selvagem é eliminada por atrito. De acordo com Hendrichs *et al.,* (1995), um dos principais obstáculos para uma utilização mais ampla da Técnica dos Insectos Estéreis (SIT) contra a mosca da fruta do Mediterrâneo (Medfly) são os danos que a fruta comercial sofre devido às picadas das fêmeas estéreis.

Controlo biológico

Inimigos naturais da mosca da fruta: **estes parasitas depositam os seus ovos nos ovos ou nas larvas**

da mosca da fruta e emergem na fase de pupa. **Apenas três, *Opius longicaudatus, O. vandenboschi* e *O. oophilus*,** se estabeleceram de forma abundante. Estes parasitas são principalmente eficazes contra a mosca da fruta oriental e mediterrânica nas culturas cultivadas.

Foram introduzidos no Hawaii vários parasitas para controlar especificamente a Medfly. Os mais importantes foram **as vespas braconídeas**, ***Opius humilis*** e ***Diachasma tryoni***. Mais tarde, foram encontrados parasitas da mosca da fruta oriental que destruíam a mosca da fruta mediterrânica. São eles ***Biosteres oophilus, B. vandenboschi*** e ***B. longicaudata*****, enumerados** por ordem de eficácia.

Controlo

Moustafa, (2009) descobriu que a média de adultos capturados da mosca da fruta do Mediterrâneo (MFF), *Ceratitis capitata* (Wiedemann) por armadilha por dia (CTD) nas armadilhas contendo Glan, Pro-lure 2%, Agrisense, Bioprox, Pro-lure 5%, Amadene, Buminal, Norlan e Agrinal foram 11,04, 10,55, 10,22, 7,62, 6,56, 3,98, 3,16, 2,98 e 1,89, respetivamente. Enquanto que, a eficácia dos atractivos alimentares testados contra a mosca da fruta do pêssego (PFF) , *Bactrocera zonata* (Saunders) adultos vem em ordem decrescente como se segue: Gla > Pro-lure 5 > Pro-lure 2% > Bioprox > Agrisense > Agrinal > Buminal > Norlan e Amadene; no entanto, os CTDs dessas preparações foram 0,60, 0,60, 0,51, 0,49, 0,42, 0,22, 0,15, 0,13 e 0,13, respetivamente. Os presentes resultados mostraram que a adição do pesticida malatião às preparações de atractivos alimentares reduziu obviamente a atratividade dos atractivos para os adultos MFF e PFF. Todas as preparações testadas atraíram as fêmeas MFF e PFF com um número significativamente elevado em comparação com os machos. A análise de regressão ilustrou que os atractivos alimentares testados exibiram alta estabilidade com o passar do tempo, onde o tempo passado não teve qualquer efeito significativo sobre a potencialidade das preparações testadas.

Controlo químico

As pulverizações químicas não têm sido completamente eficazes na proteção dos frutos contra a mosca-mediterrânica. A postura dos ovos requer apenas alguns minutos e os resíduos químicos não matam os adultos neste período de tempo.

Quadro (11): insecticidas utilizados no controlo da mosca-da-fruta e da mosca-do-mediterrâneo no campo.

Denominação comum (nome comercial)	Quantidade a utilizar/4000m2	R.E.I. (horas)	P.H.I. (dias)
(Admire Pro)	210- 420ml	12	0
(Nuprid)	300-600ml	12	0

Abamectina + Óleo de petróleo	300 ml +1%	12 4	7 Quando seco
Aazadiractina (Neemix4.5)	120-210 ml	12	0

MITES

Os ácaros são pequenos (menos de 1 mm), muitas vezes com aspeto de carraça ou de aranha, com oito patas (adultos). Algumas espécies, como o ácaro de duas manchas, são apenas visíveis a olho nu, enquanto outros ácaros, como o ácaro castanho da ferrugem dos citrinos e o ácaro do botão dos citrinos, só podem ser vistos com a ajuda de um microscópio. No Egito, os ácaros de duas manchas (vermelhas) (Atwa *et al.*,1987), o ácaro da ferrugem dos citrinos (Soliman &Abou-Awad, 1979) e os ácaros dos gomos dos citrinos (Attia *et al.*,1973a), os ácaros planos dos citrinos (Attia *et al.*,1973b), os ácaros castanhos dos citrinos (Rasmy,1969;Atwa *et al.*,1987; CAB,2000) são as pragas mais comuns dos citrinos.

Ácaro de duas manchas (*Tetranychus urticae).* Estes ácaros alimentam-se principalmente na superfície inferior das folhas, causando um efeito típico de pontilhado ou manchas amarelas.

Ocasionalmente, podem também ocorrer danos nos frutos. Os ácaros da bicharada são particularmente activos em condições quentes. As joaninhas comedoras de ácaros e os ácaros predadores são agentes de controlo natural. O controlo químico não é geralmente necessário. No entanto, se as folhas ou os frutos estiverem muito infestados, os ácaros podem ser controlados com enxofre ou com um spray de óleo hortícola adequado.

Ácaro dos gomos dos citrinos (*Eriophyes aegyptiacus*) Os ácaros dos gomos dos citrinos podem atacar todas as variedades de citrinos, mas os danos são sobretudo observados nos limões. Activos durante todo o ano, os sintomas dos danos causados pelos ácaros dos gomos são flores, frutos e rebentos distorcidos. Os ácaros escondem-se geralmente no interior das folhas e dos botões florais, o que dificulta o controlo. Se necessário, controlar como para os ácaros de duas manchas.

Ácaro da ferrugem dos citrinos (ácaro prateado)

Phyllocoptruta oleivora

Phyllocoptruta citri

Ácaro Eriophyid da ferrugem.

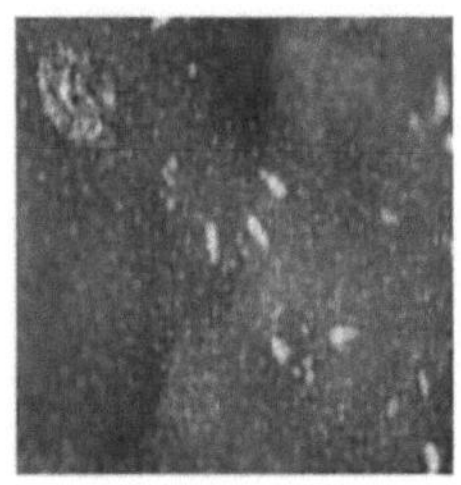

Rust Mite

Descrição da praga

Esta praga é conhecida como **o ácaro da ferrugem** nas laranjas e o ácaro da prata nos limões. É uma praga ocasional no Egito e constitui um problema em alguns anos nas zonas interiores do sul da Califórnia. O ácaro da ferrugem dos citrinos tem aproximadamente o mesmo tamanho que o ácaro dos gomos e requer uma lente manual para ser visto; tem uma cor amarela mais profunda do que o ácaro dos gomos e tem forma de cunha. Uma geração pode ser completada em 1 a 2 semanas no verão, mas o desenvolvimento abranda ou pára no inverno, dependendo da temperatura. **Hospedeiro(s):** *Citrinos* (Soliman e Abou-Awad, 1979).

Parte(s) da planta afetada(s): Fruto, folha (Soliman e Abou-Awad, 1979).

Danos

O ácaro da ferrugem alimenta-se na superfície exterior exposta dos frutos com 1,3 cm ou mais. A alimentação destrói as células da casca e a superfície torna-se **prateada** nos limões, castanha **ferrugem** nas laranjas maduras, ou preta nas laranjas verdes. Os danos provocados pelo ácaro da ferrugem são semelhantes aos provocados pelo ácaro da laranjeira, com a exceção de que são afectados frutos um pouco maiores. A maioria dos danos causados pelos ácaros da ferrugem ocorre entre o final da primavera e o final do verão.

Biologia: *Phyllocoptruta citri* foi encontrado em citrinos em Rashid, El-Behera, no Egito, causando carepa nos frutos e nas folhas (Soliman e Abou-Awad, 1979). Tanto os ácaros machos como as fêmeas foram descritos e considerados muito semelhantes ao ácaro comum da ferrugem dos citrinos, *P. oleivora* (Ashmead). A única diferença morfológica saliente foi o facto de *P. citri* ter uma seta genital mais longa (33-46 µ) que ultrapassa a primeira seta ventral.

Embora nada tenha sido relatado sobre a biologia de *P. citri*, é razoável supor que esta nova espécie possa ter padrões biológicos e comportamentais semelhantes aos de *P. oleivora*, pois morfologicamente são muito semelhantes. *P. oleivora* põe ovos individualmente ou em grupos em depressões na casca do fruto ou na superfície da folha (Smith *et al.*, 1997). O ovo eclode e dá origem a dois estádios ninfais antes de atingir a idade adulta. Para *P. oleivora*, o ciclo completo varia entre 7-10 dias no verão e prolonga-se até 14 dias, ou mais, durante o inverno (CAB International, 2000). Smith *et al.* (1997) referiu que o ciclo de vida de *P. oleivora*, desde o ovo até ao adulto, demora cerca de 6 dias a 30°C. A fêmea adulta vive durante 4-6 semanas e põe uma média de 30 ovos (Smith *et al.*, 1997).

Rasmy *et al.*,(1972) estudaram a dinâmica populacional de *Phyllocoptruta oleivora* que infesta os pomares de citrinos. Os autores verificaram que o ácaro da ferrugem dos citrinos infesta preferencialmente a laranja de umbigo, a laranja de Valência e as tangerinas, respetivamente. A sua população foi durante o verão e o outono na laranja de umbigo e na laranja de Valência, enquanto atingiu o seu nível mínimo durante a primavera e o inverno.

***Potencial de entrada:** Baixo, uma vez que os tratamentos de manuseamento pós-colheita normalmente efectuados para os citrinos, como a lavagem em detergentes, a escovagem e o enceramento, reduzirão o risco da sua introdução. A sua presença pode ser detectada através da coloração prateada e da carepa dos frutos.

***Potencial de estabelecimento:** Baixo a moderado, uma vez que o ácaro da ferrugem até agora só foi registado em espécies de citrinos. As condições quentes e húmidas favorecem o desenvolvimento deste ácaro *Phyllocoptruta* da ferrugem. A dinâmica da população no campo está intimamente relacionada com a nutrição dos hospedeiros, a temperatura, a humidade, a precipitação e a insolação.

***Potencial de disseminação:** Baixo, uma vez que a gama de hospedeiros é restrita apenas a espécies de citrinos e a sua dispersão é passiva.

***Importância económica**: Moderada, uma vez que *P. citri* infesta as laranjas de umbigo, valência e tangerina, por ordem decrescente de preferência (Soliman e Abou-Awad, 1979). *P. oleivora* foi reconhecida como uma praga artrópode importante dos citrinos (Yothers e Mason, 1930), causando lesões nos frutos, folhas e rebentos terminais jovens (McCoy *et al.*, 1976). Os ácaros da ferrugem *Phyllocoptruta* alimentam-se da camada epidérmica das células da casca dos citrinos, tanto imaturos como maduros, resultando numa mancha nos frutos, no início ou no final da estação, designada por carepa. As células epidérmicas morrem, a periderme ferida desenvolve-se, ocorrendo uma redução do tamanho do fruto e da produção após a lesão no início da estação (Albrigo e McCoy, 1974). Um dos resultados dos danos causados pelos ácaros é a produção de frutos pequenos, que não só parecem estar abaixo do padrão, mas também se deterioram rapidamente. Grandes populações de ácaros causam o bronzeamento das folhas e dos galhos verdes e a perda geral de vitalidade de toda a árvore (CAB International, 2000). A perda de água, a redução da força de ligação do fruto e o aumento da queda de frutos são maiores em frutos danificados pelo ácaro da ferrugem dos citrinos do que em frutos limpos (Allen, 1978).

Gestão

Os ácaros da ferrugem dos citrinos desenvolvem-se em condições quentes e húmidas. Monitorize o ácaro da ferrugem desde o início da primavera até ao verão. Nas laranjeiras, procure ácaros da ferrugem na folhagem jovem no início da primavera; no final da primavera, a maior parte da população estará nos frutos. No limoeiro, os ácaros da ferrugem encontram-se sobretudo nos frutos durante toda a estação. Para identificar infestações anteriores, verifique se há cicatrizes no tecido da casca no exterior dos frutos. Para avaliar os níveis da época atual, examine os pequenos frutos verdes no interior da copa. É necessária uma lente manual de 10x a 15x para identificar estes ácaros minúsculos. Normalmente, alimentam-se em locais protegidos, como a extremidade estilar do fruto. Quando as populações são elevadas, os ácaros deslocam-se por todo o fruto. Não se conhecem inimigos naturais eficazes, mas os predadores gerais de ácaros alimentam-se por vezes dos ácaros da ferrugem.

Quando encontrar um ou mais frutos infestados e se os ácaros da ferrugem tiverem sido um problema no ano anterior, vigie atentamente o pomar. Os níveis de limiar dependem dos problemas do ácaro da ferrugem do ano anterior e das condições actuais do mercado. Se a população aumentar rapidamente ou se aparecerem cicatrizes, é geralmente necessário efetuar um tratamento. Em alguns casos, a infestação é localizada e um tratamento pontual pode ser suficiente para o controlo.

Alves *et al.*, (2005) verificaram que a patogenicidade de *Beauveria bassiana* para uma das principais pragas das culturas de citrinos, ***Phyllocoptruta oleivora***, foi avaliada através da inoculação de ácaros com diferentes concentrações de conídios (1 x10^6 , 5x10^6 , 1x 10^7 , 5x 10^7 e 1 x 10^8). Os ácaros tratados foram mantidos em condições controladas (25±0,5 °C, fotoperíodo de 12 h e 98% de humidade relativa) e a sobrevivência dos ácaros foi avaliada diariamente. Verificou-se que a mortalidade aumentava com o tempo e dependia da concentração de conídios, com valores que variavam de 24 a 91% para a menor e a maior concentração de conídios, respetivamente.

A LC_{50} calculada no quinto dia foi de 4,23 x 10^6 conídios/ml. O tempo letal médio foi de 3,98, 9,79, 3,09 e 2,74 dias para 5 x 10^6 , 1x 10^7 , 5x 10^7 e 1 x 10^8 conídios/ml, respetivamente. Verificou-se que os conídios estavam aderidos em toda a superfície do corpo do ácaro, especialmente na região anal, onde o micélio vegetativo foi encontrado a entrar no corpo do ácaro. Observamos a formação de pequenos cristais no interior do corpo do ácaro que foram produzidos durante a colonização da cavidade corporal pelo fungo. Este é o primeiro relato de patogenicidade *de B. bassiana* para esta espécie.

Ácaro dos citrinos

Eriophyes aegyptiacus

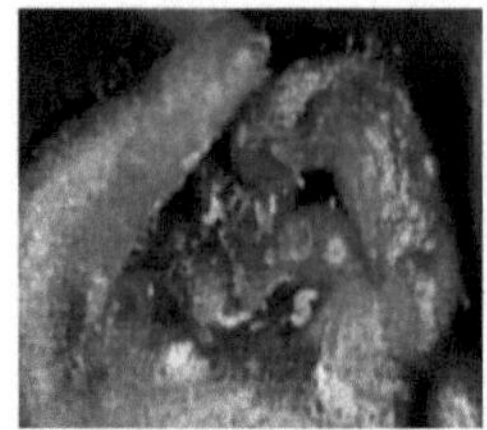

Bud Mite

Descrição da praga

O ácaro dos gomos dos citrinos é muito pequeno, alongado e ligeiramente afilado na extremidade posterior, e tem quatro patas na extremidade anterior, perto da boca. As fêmeas adultas põem cerca de 50 ovos, principalmente nas escamas dos gomos de crescimento recente. As populações atingem o pico no verão e as flores de verão e de outono são as mais susceptíveis de sofrer danos (Soliman&Abou-Awad, 1979).

Danos

O ácaro dos gomos dos citrinos é principalmente uma praga dos limões da costa, mas nos últimos anos também foi encontrado nas regiões interiores do Egito. Os ácaros alimentam-se no interior dos gomos, matando-os ou provocando um crescimento em roseta da **folhagem** subsequente e a distorção das **flores** e **dos frutos,** o que pode ou não reduzir a produção e/ou **a qualidade dos frutos**.

Gestão

A investigação recente não demonstrou qualquer impacto consistente da alimentação dos ácaros dos gomos nos actuais regimes de tratamento com óleo, especialmente nos limões de Lisboa, e pensa-se que seja compensado pelos efeitos negativos de fitotoxicidade do óleo. Também ainda não foi feita investigação para determinar se os tratamentos com abamectina e óleo contra os ácaros dos gomos se justificam economicamente. Para detetar os ácaros dos gomos antes de ocorrerem danos, verificar os gomos em galhos angulares verdes desde meados da primavera até ao outono. Recolher um gomo de cada uma das 50 árvores escolhidas ao acaso no pomar. Dissecar os gomos ao microscópio ou usar uma lente manual de 20X para determinar a percentagem de gomos infestados com um ou mais ácaros vivos. Como alternativa à dissecação dos gomos, a infestação dos gomos pode ser estimada a partir de botões de frutos infestados. Recolher um fruto verde, com cerca de 1,25 a 2 polegadas de diâmetro, de 50 árvores espalhadas pelo pomar. Retirar o botão e registar se o botão ou o fruto por baixo do botão está infestado com ácaros vivos dos botões. A relação entre as infestações de frutos e de botões não é linear, mas uma infestação de frutos de 15 a 20% indica uma infestação de botões de cerca de

45 a 50%.

Não foi estabelecido um limite para os ácaros dos gomos; níveis tão elevados como 80% de infestação dos gomos não causaram perdas económicas consistentes ou previsíveis. Se se pretender uma redução das populações de ácaros dos gomos, aplicar os tratamentos 2 a 3 meses antes da floração a proteger.

Ácaro plano dos citrinos

Brevipalpus californicus

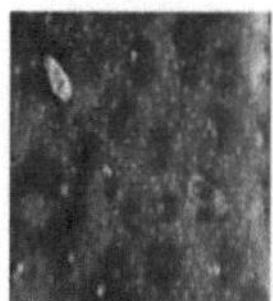

Flat Mite

Descrição da praga

O ácaro plano é uma praga menor dos citrinos nas regiões desérticas e nos vales interiores. O adulto é muito mais pequeno do que o ácaro vermelho dos citrinos, é achatado e tem frequentemente uma cor salmão, mas a sua cor é variável. O ácaro plano é normalmente um invasor secundário, alimentando-se de tecido da casca danificado pela alimentação de cigarrinhas, alimentação ou oviposição de tripes ou pelo vento.

Danos

A alimentação do ácaro plano dos citrinos resulta numa crosta de lesões causadas por tripes e cigarrinhas, que de outra forma desapareceriam quando os frutos mudassem de cor. O ácaro plano é bastante tolerante ao calor, pelo que as populações persistem durante o verão quente.

Gestão

Não foram estabelecidos limiares de tratamento. Tratar quando aparecerem níveis elevados de ácaros e quando a monitorização da cicatrização dos frutos indicar uma necessidade.

Ácaro vermelho dos citrinos

Tetranychus urticae

Red Mite

Descrição da praga

As fêmeas adultas do ácaro vermelho dos citrinos são ovais e globulares; o macho é mais pequeno e tem um abdómen afilado. Cada fêmea põe 20 a 50 ovos a uma taxa de 2 a 3 por dia, depositando-os em ambos os lados das folhas. O ciclo de vida de ovo para ovo pode ser tão curto como 12 dias durante o tempo quente.

As fêmeas adultas do ácaro vermelho dos citrinos são ovais e globulares; o abdómen é afilado. Cada fêmea põe 20 a 50 **ovos** a uma taxa de 2 a 3 por dia, depositando-os em ambos os lados das folhas. O ciclo de vida de ovo a ovo pode ser tão curto como 12 dias durante o tempo quente.

As populações aumentam na primavera, no final do verão e no início do outono em resposta ao novo crescimento; os ácaros vermelhos dos citrinos preferem alimentar-se de folhas jovens totalmente expandidas, mas também infestam os frutos.

Danos

Nas folhas, a alimentação do ácaro vermelho dos citrinos resulta num **pontilhado pálido** visível principalmente na superfície superior da folha. Em infestações graves, o pontilhado alarga-se para áreas necróticas secas (normalmente designadas por colapso do mesofilo). Eventualmente, as folhas podem cair e os galhos podem morrer. O pontilhado ou prateamento também ocorre em frutos verdes, mas geralmente desaparece quando os frutos mudam de cor. Se grandes populações se alimentarem de frutos quase maduros, a coloração prateada pode persistir. Populações elevadas podem também causar queimaduras solares nos frutos se o tempo estiver quente. Durante os ventos de Santa Ana no outono, níveis baixos de ácaro vermelho dos citrinos podem causar uma explosão ou queima da folhagem e queda de folhas nas zonas de cultivo costeiras (Soliman *et al.*, 1973).

Gestão

O ácaro vermelho dos citrinos é mais problemático quando as árvores estão sob stress hídrico e as condições são quentes e secas. A investigação mostrou que os citrinos podem tolerar populações muito mais elevadas do que se pensava anteriormente e que o tratamento não é normalmente necessário em pomares saudáveis no âmbito de um programa de gestão integrada de base biológica. As populações tendem a ser mais pesadas na primavera e no outono, especialmente em pomares onde os inimigos naturais são destruídos pela utilização de insecticidas de largo espetro, como o cloridrato de formetanato (Carzol) ou o metidatião (Supracide). Monitorizar os pomares e utilizar miticidas selectivos de gama estreita sempre que possível.

Controlo biológico

Os ácaros predadores, os insectos predadores e um vírus são importantes na regulação das populações do ácaro vermelho dos citrinos. O inimigo natural mais importante é o **ácaro predador, *Euseius tularensis***. Estes ácaros benéficos podem estabelecer as suas populações antes de os ácaros vermelhos dos citrinos serem numerosos porque têm fontes de alimentação alternativas (pólen, larvas de tripes dos citrinos, seiva das folhas, néctar e melada). Atacam principalmente os estádios imaturos do ácaro vermelho dos citrinos. A fêmea de ambas as espécies tem aproximadamente o mesmo tamanho que a fêmea do ácaro vermelho dos citrinos, mas tem forma de pera, é brilhante e translúcida. Os ovos do predador são claros, ovais e têm cerca do dobro do tamanho dos ovos do ácaro vermelho dos citrinos. Os ovos eclodem e tornam-se adultos em cerca de 8 dias.

Outros **predadores do ácaro vermelho dos citrinos** incluem um pequeno escaravelho preto ***(Stethorus picipes)***, um predador **de asas empoeiradas *(Conwentzia barretti)*** e o **tripes de seis pintas *(Scolothrips sexmaculatus)***. Além disso, uma doença causada por um **vírus** específico do ácaro vermelho dos citrinos está disseminada nas zonas de produção de citrinos. A doença torna-se epidémica em condições quentes e moderadamente secas, quando as populações de ácaros são elevadas, e pode reduzir rapidamente a população de ácaros. Os sintomas dos ácaros infectados com o vírus incluem movimentos rígidos, pernas enroladas sob o corpo e subsequente desintegração do corpo. Se os ácaros doentes forem montados numa lâmina e examinados num microscópio de polarização, são evidentes os cristais internos que brilham à luz polarizada.

Para além dos predadores e do vírus, as temperaturas quentes (superiores a 32°C) e a baixa humidade também reduzem as populações de ácaros vermelhos dos citrinos.

Abad-Moyano *et al.*, (2009) afirmaram que os predadores *Phytoseiulus persimilis* e *Neoseiulus californicus* foram bem sucedidos no controlo de *T. urticae* em condições de viveiro de citrinos

Controlo cultural

Os ácaros aumentam a sua reprodução em árvores com stress hídrico. Uma boa irrigação reduz os surtos de ácaros vermelhos. Os caminhos de água limitam a acumulação de poeira, que também promove os ácaros.

Métodos organicamente aceitáveis

Os controlos culturais e biológicos e as pulverizações com óleos derivados do petróleo são aceitáveis em citrinos geridos segundo o modo de produção biológico.

Os miticidas disponíveis para o controlo do ácaro vermelho dos citrinos (apenas nos pomares de produção) incluem o **acequinocil (Kanemite), o dicofol (Kelthane), o óxido de fenebutatina (Vendex), o hexitiazox (Onager), o óleo, o propargite (Omite), o piridabeno (Nexter) e o espirodiclofeno (Envidor). Apenas para pomares não produtivos, podem ser utilizados o bifenazato (Acramite) e o etoxazol (Zeal).**

Entre estes miticidas, alguns são mais selectivos do que outros. **O acequinocil, o bifenazato, o óxido de fenebutaestanho e o óleo** têm o menor efeito de todos sobre os inimigos naturais, incluindo os ácaros predadores, mas também proporcionam um período mais curto de controlo dos ácaros. **O dicofol, o etoxazol, o hexitiazol, o propargite, o piridabeno e o espirodiclofeno** têm uma seletividade intermédia, porque têm um impacto nos ácaros prejudiciais e nos ácaros predadores até 6 semanas, mas têm um impacto mínimo nos insectos benéficos, como as crisopídeos, **os escaravelhos e *o Aphytis melinus*,** que ajudam a controlar as lagartas, as cochonilhas, os tripes e outras pragas (Yoo e Kim , 2000).

Monitorização e decisões de tratamento

Em março, ou logo que os ácaros sejam detectáveis, comece a monitorização recolhendo um total de 100 folhas completamente expandidas de todo o pomar. Selecionar as folhas que se encontram na zona de sombra da árvore. Utilizar esta amostra:

- Determinar o número médio de ácaros por folha, dividindo o número total de ácaros encontrados por 100.
- Contar o número de fases activas dos ácaros predadores e calcular o número médio de ácaros predadores dividindo o número total de ácaros predadores por 100.
- Observar a presença de ácaros vermelhos dos citrinos infectados com vírus.

Repita esta amostragem aproximadamente de 2 em 2 semanas até que o número de ácaros vermelhos desça abaixo de 1 por folha e a queda das pétalas tenha ocorrido. Mantenha registos dos resultados da monitorização.

Nas laranjas de umbigo, não haverá perdas económicas se a densidade de ácaros vermelhos dos citrinos não exceder oito fêmeas adultas/folha 2 a 4 semanas após a queda das pétalas. As árvores vigorosas e bem irrigadas podem tolerar mais. As populações baixas a moderadas são consideradas benéficas, pois fornecem alimento aos inimigos naturais. As temperaturas elevadas e as viroses reduzem as populações de ácaros em junho e julho e, geralmente, não é necessário qualquer tratamento durante o verão.

Nos pomares onde os pesticidas não selectivos destruíram os inimigos naturais, podem ser necessários tratamentos na primavera para evitar populações excessivas de ácaros na queda das pétalas. Utilizar os tempos de aplicação indicados no quadro seguinte para a aplicação de pulverizações de óleo.

As populações primaveris e estivais de ácaro vermelho dos citrinos não requerem, em geral, monitorização ou tratamento regular. As populações de outono podem ser muito prejudiciais em conjunto com os ventos se o controlo natural for perturbado por pesticidas não selectivos ou pó. Cerca de cada 2 semanas no final do verão. Se existirem mais de oito a dez ácaros vermelhos dos citrinos por folha, considere a aplicação de um tratamento antes dos ventos.

Utilização de óleos

A investigação exaustiva sobre a utilização de pulverizações de óleo contra vários ácaros e cochonilhas resultou no desenvolvimento de recomendações que utilizam taxas específicas e o calendário de tratamentos em diferentes variedades de citrinos em diferentes regiões do Egito, a fim de alcançar o controlo esperado das pragas e limitar o potencial de queda de folhas ou frutos ou de danos nos frutos em resultado da fitotoxicidade.

Tabela (12): Óleo (NR 415) utilizado no controlo dos ácaros.

Tipo de óleo (cobertura)	Variedades	Horários de aplicação para evitar lesões nas árvores	
		Delta	Novo terreno
NR 415 (IC, OC)	Toranja	julho - setembro.	Ago. - Out.
	Limões	Ago. - Set.	Litoral: Abr. - Jun e/ou Set. - Dez. Interior: Abr. - maio e/ou Set. - Nov.
	Navios	julho - setembro.	Ago. - Set.
	Valências	julho - setembro.	Ago. - Out.

Doenças dos citrinos

Introdução

Os citrinos, uma cultura de importância internacional. Um grande número de variedades de citrinos é também amplamente plantado em jardins domésticos. Muitas doenças dos citrinos foram descritas em todo o mundo e têm nomes coloridos e descritivos, tais como: bolor azul, bolor verde, bolor cinzento, bolor rosa, nariz rosa, podridão castanha, mancha preta, podridão preta, caroço preto, nervura amarela, mancha amarela, madeira emborrachada, casca irregular, folha encaracolada, casca coriácea, declínio lento, declínio disseminado e teimoso.

Felizmente, a maioria das doenças mais graves e generalizadas não ocorrem ou são de pouca importância no Egito. No entanto, há algumas doenças de importância suficiente para serem discutidas neste estado. Estas incluem várias doenças causadas por fungos: gomose podal (podridão *radicular de Phytophthora*) causada pelos fungos *Phytophthora parasitica* e *P. citrophthora* que ocorrem no solo, murchidão dos ramos *de Hendersonula* (causada pelo fungo *Hendersonula toruloidea*), podridão castanha do cerne dos limões causada por uma espécie de *Antrodia* e *Coniophora*, e podridão negra dos frutos, causada por *Alternaria alternata*. Doenças bacterianas catastróficas que têm assolado as zonas de produção mais húmidas e chuvosas.

Dos mais de 30 vírus e doenças semelhantes a vírus que foram descritos em todo o mundo, apenas a Tristeza, a Psorose e uma doença causada por micoplasma, a Teimosia, são atualmente conhecidas no Egito.

Uma das doenças mais importantes encontradas nos citrinos no Egito é causada pelo nemátodo dos citrinos (*Tylenchulus semipenetrans*). Esta doença tornou-se mais generalizada e importante porque as opções de controlo actuais são limitadas.

Podridão *de Alternaria*

Patogénico: *Alternaria citri*

***Alternaria* Rot**

A podridão dos frutos de *Alternaria*, também designada **por podridão negra**, é uma doença fúngica causada por *Alternaria alternata*. A doença ocorre ocasionalmente em limões e laranjas de umbigo. O fungo ocorre em todas as zonas de produção de citrinos do mundo.

A Alternaria ataca apenas os citrinos. A podridão *por Alternaria* é principalmente um problema no armazenamento, mas às vezes ocorre no pomar onde causa a queda prematura dos frutos (Ellis, 1971; Tarabeih *et al.*, 1977). Noutras partes do mundo, a doença foi notificada em citrinos que não o umbigo e o limão. A podridão dos frutos por *Alternaria* é mais importante em áreas onde os citrinos são processados para sumo, devido à contaminação do sumo por massas de micélio fúngico preto encontradas no interior dos frutos infectados.

Sintomas

A podridão por Alternaria é uma doença fúngica que afecta principalmente as laranjas de umbigo e os limões. **Os frutos infectados** com *Alternaria* mudam de cor prematuramente. A podridão é mais suave nos limões do que nas laranjas. As infecções ocorrem normalmente no pomar; muitas vezes a doença só se desenvolve depois da colheita e a maior parte dos danos ocorre durante o **armazenamento**. Nas laranjas de umbigo, a doença também é chamada de **podridão negra** e resulta em manchas ou áreas firmes, de cor castanha escura a preta, na extremidade estilar ou no umbigo. Se se cortar o fruto ao meio, é possível ver a podridão a estender-se até ao caroço (El-Zayat *et al.*,1983).

Biologia

A Alternaria alternata é um saprófito ativo. O fungo cresce no tecido morto dos citrinos durante o tempo húmido. Durante estes períodos, são produzidos conídios transportados pelo ar. Estes esporos germinam e o fungo estabelece-se no botão ou na extremidade estilar do fruto. A entrada no fruto é facilitada pela ocorrência de fendas ou fissuras de crescimento. O fungo cresce até ao núcleo central do fruto e provoca uma podridão negra. *A Alternaria* produz um grande número de conídios nos frutos infectados. O fruto pode secar e tornar-se preto e com um aspeto de múmia. Este fruto torna-se um dos mecanismos de sobrevivência do fungo (El-Zayat *et al.*, 1983; Peever *et al.*, 2004).

Gestão

Os frutos saudáveis e de boa qualidade são mais resistentes à podridão *por Alternaria* do que os frutos stressados ou danificados, especialmente as laranjas com umbigo rachado. A prevenção do stress pode reduzir a incidência de rachaduras e da podridão *por Alternaria.*

As infecções da extremidade estilar ocorrem geralmente em cultivares com umbigos mal formados. Os tratamentos com fungicidas antes da colheita são geralmente ineficazes. O adiamento da colheita até à queda dos frutos infectados tem sido utilizado como estratégia para evitar a inclusão inadvertida de frutos infectados na cultura colhida. No entanto, os frutos não afectados devem ser colhidos na maturidade ideal. Tratamentos pós-colheita com **Imazalil, 2,4-D**, ou ambos, têm proporcionado algum controlo. O regulador de crescimento 2,4-D atrasa a senescência e, assim, restringe a colonização do hospedeiro.

Prusky et al.,2006 descobriram que Foi comparada a eficácia dos tratamentos com ácido clorídrico (HCl), isoladamente ou em combinação com procloraz, no controlo de infecções quiescentes de ***Alternaria alternata*** que causam a podridão por alternaria em frutos de manga e dióspiro durante o armazenamento. A germinação de esporos e o alongamento do tubo germinativo de *A. alternata* in vitro foram inibidos em 95 e 65%, respetivamente, pela exposição a 1,25 ml de HCl, e a germinação do fungo foi completamente inibida por 2,50 ml de HCl. A aplicação de uma combinação de pulverização com água quente e escovagem (HWB) durante 15-20 s, seguida de pulverização com 50 ml de HCl, controlou eficazmente ***a podridão por alternaria*** em frutos de manga armazenados. Tratamentos semelhantes de HWB seguidos de pulverização com concentrações crescentes de procloraz de 45 a 900 µ g-ml em 50 ml de HCl foram tão eficazes como o tratamento apenas com o ácido, na prevenção do desenvolvimento da podridão por alternaria. Também nos frutos de dióspiro, o tratamento por imersão com 50 ml de HCl reduziu a podridão por alternaria. No entanto, soluções acidificadas contendo 45 µg/ml de procloraz inibiram melhor o desenvolvimento da podridão por alternaria do que o tratamento apenas com HCl. A maior atividade do procloraz em soluções acidificadas foi atribuída à sua maior solubilidade, o que resultou em um aumento do ingrediente ativo do fungicida na solução. Os dados actuais sugerem que a combinação de soluções ácidas, isoladamente ou na presença de concentrações reduzidas de procloraz, proporciona um tratamento simples para o controlo de doenças pós-colheita que alcalinizam o ambiente do hospedeiro.

Yao *et al.*,(2004) descobriram que a adição de 2% (p/v) **de bicarbonato de sódio** (SBC) nas suspensões de levedura antagonista *Cryptococcus laurentii* ou *Trichosporon pullulans* limitou significativamente a germinação de esporos e o alongamento do tubo germinativo de *Penicillium expansum* e *Alternaria alternata* em meio de caldo de dextrose de batata (PDB). A atividade de biocontrolo de *C. laurentii* ou *T. pullulans* contra a podridão pós-colheita causada por *P. expansum* e *A. alternata* em frutos de pera foi significativamente aumentada quando *C. laurentii* ou *T. pullulans* foram combinados com SBC. A combinação de *C. laurentii* ou *T. pullulans* com SBC proporcionou um controlo mais eficaz de *P.expansum* e *A. alternata* do que a aplicação da levedura antagonista ou de SBC isoladamente. Os efeitos de *C. laurentii* com e sem SBC no controlo de *P. expansum* e *A. alternata* foram melhores do que os de *T. pullulans*. *C. laurentii* em combinação com SBC mostrou o melhor controlo da doença causada por *A. alternata* em frutos de pera.

Nallathambi *et al.*,(2009) descobriram que isolados de espécies de ***Trichoderma*** de regiões áridas quentes, fungicidas e suas combinações foram avaliados para a gestão da podridão dos frutos da laranja na fase pós-colheita. Dos 16 isolados de espécies de *Trichoderma*, seis isolados controlaram o crescimento de micélios de ***Alternaria alternata*** em mais de 55%. Foi registada uma variação distinta no nível de resistência inerente nestes seis isolados contra 13 fungicidas comuns. Nenhuma das espécies de *Trichoderma* cresceu em PDA modificado com carbendazim, mesmo a uma concentração muito baixa. Em contraste, observou-se um crescimento radial de 100% no isolado T.c-CIAH224 *de Trichoderma citrinoviride* na presença de oxicloreto de cobre (250 mg /g) e mancozeb (100 mg/g) em meio PDA. O isolado T.v- CIAH240 foi antagónico contra *A. alternata* e tolerante à maioria dos fungicidas testados. Este isolado foi altamente compatível com clorotalonil, dinocap e enxofre molhável mesmo a 1000 mg/gm e produziu conídios amarelados em vez de conídios verdes normais. Os isolados de *Trichoderma koningii* - T.k- CIAH176, *T. citrinoviride* - T.c-CIAH224 e os de *Trichoderma viride* - T.v-CIAH181 e T.v-CIAH240 com tolerância inerente a alguns dos fungicidas mostraram melhor eficácia na supressão do agente patogénico da podridão dos frutos em culturas duplas. No entanto, o isolado T.v-CIAH240 foi significativamente superior in vitro na supressão (71%) de *A. alternata* através de micoparasitismo e secreção aparente de metabolitos secundários no meio de crescimento. O micoparasitismo e a competição com o agente patogénico da podridão dos frutos foram o modo de ação da maioria dos isolados. O crescimento de *A. alternata* foi completamente inibido em PDA modificado com dinocape, propiconazol e tridemorfe, independentemente das concentrações. Em experiências in vivo, o isolado T.v-CIAH240 foi significativamente eficaz (75% PEDC- Per cent Efficiency of Disease Control) contra a infeção pós-colheita por *A. alternata*, seguido por T.v-SBI48 (62 PEDC) e T.v- CIAH149 (44 PEDC). Entre os tratamentos individuais com fungicidas, o dinocape e o oxicloreto de cobre (50 mg/g) resultaram em 52 PEDC. No entanto, o dinocap causou um efeito de queimadura e um cheiro desagradável nos frutos.

A eficácia do controlo da podridão dos frutos foi aumentada para >70% pelo T.v-CIAH240 com tridemefon, tiofanato metílico, mancozeb ou alcidina a 50 mg/gm e para >80% com 100 mg/gm de tiofanato metílico, clorotalonil, mancozeb e alcidina em frutos de laranja (cv. Gola).

Antracnose

Patogénico: *Colletotrichum gloeosporioides*

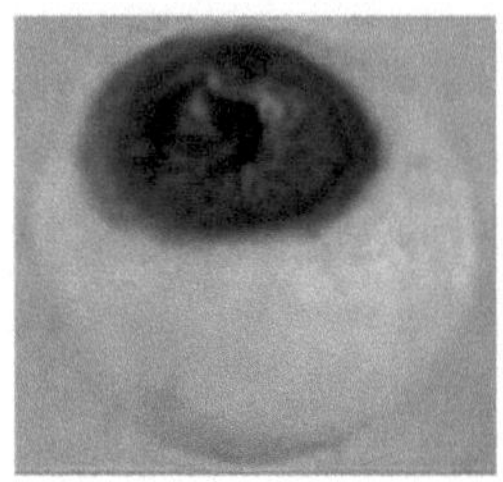

Anthracnose

Sintomas

Os sintomas da antracnose nos citrinos incluem a **morte dos ramos, a queda prematura das folhas e manchas escuras nos frutos e a deterioração dos frutos após a colheita. As folhas e os ramos moribundos ficam cobertos de esporos fúngicos escuros através dos quais o agente patogénico se propaga.**

A antracnose pode manchar o tecido da casca das laranjas Valência e de umbigo maduras, da toranja e, ocasionalmente, do limão. Esta doença afecta principalmente os frutos de árvores sujeitas a stress com madeira velha e morta (Wahid, 1999).

Comentários sobre a doença

O fungo da antracnose infecta normalmente os galhos enfraquecidos. A doença é mais comum durante as primaveras com períodos húmidos prolongados e quando as chuvas significativas ocorrem mais tarde do que o normal. Durante o tempo húmido ou de nevoeiro, os esporos da antracnose escorrem para os frutos, onde infectam a casca e deixam estrias avermelhadas a verdes nos frutos imaturos e estrias castanhas a pretas nos frutos maduros (manchas de lágrima). A mancha de lágrima da antracnose ocorre frequentemente com a mancha de Septoria. O próprio fungo Septoria e possivelmente certas condições ambientais também podem causar a mancha de lágrima. A mancha não pode ser lavada, mas a doença geralmente não é suficientemente grave para exigir acções preventivas. No entanto, certas condições, como a aplicação de sabões insecticidas, que danificam a cera protetora da casca do fruto, podem aumentar a gravidade desta doença.

Gestão

Biocontrolo: Shifeng *et al.*, (2008) descobriram que a atividade de biocontrolo de *P. membranifaciens* sobre a doença foi reforçada pela adição de 2% de CaCl2, o tratamento combinado de *P. membranifaciens* com CaCl2 resultou num controlo notavelmente melhorado da doença em comparação com o tratamento de *P. membranifaciens* ou CaCl2 isoladamente.

Se o tratamento parecer ser necessário, efetuar aplicações no outono que sejam dirigidas a toda a árvore. É importante uma boa cobertura.

Tabela (13): Fungicidas utilizados no controlo da antracnose.

Nome comum (designação comercial)	Quantidade a utilizar	R.E.I. (horas)	P.H.I. (dias)
Azoxistrobina (Abound)	280,0 gm /100L	4	0
Sulfato de zinco Sulfato de cobre	380,0 ml/100L	3	2

Podridão radicular de Armillaria

Patogénico: *Armillaria mellea*

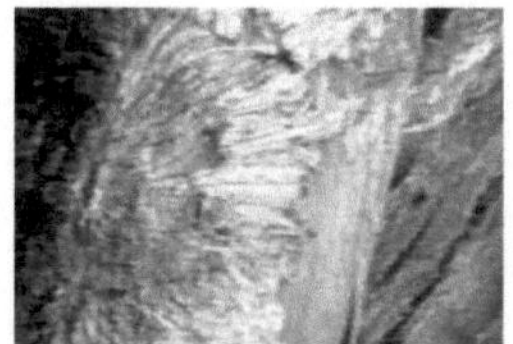

Armillaria mellea

Sintomas

A podridão radicular Armillaria, também conhecida como fungo da raiz do carvalho, pode ocasionalmente danificar e matar árvores de citrinos.

Os sintomas podem não se desenvolver até que a doença esteja bem estabelecida. Os primeiros sintomas da podridão radicular da Armillaria são o fraco crescimento ou a morte dos rebentos, pequenas folhas amareladas e a queda prematura das folhas. O fungo propaga-se por contacto com as raízes ou através de rizomorfos (cordões negros de micélios fúngicos), que podem crescer a curtas distâncias através do solo e contactar e penetrar nas raízes dos citrinos. O agente patogénico invade as raízes e a copa, acabando por cindir a região da copa e destruir todo o sistema radicular. A partir do local de infeção, o fungo invade as raízes laterais e a região da copa, onde se espalha como placas miceliais brancas na região do câmbio entre a casca e a madeira. Este facto distingue *a Armillaria* de outros fungos que apodrecem a madeira, que crescem na superfície exterior da casca.

No final do outono e no inverno, *a Armillaria* forma frequentemente grupos de cogumelos na base das árvores infectadas, alguns dias após a chuva.

Comentários sobre a doença

O fungo pode sobreviver durante muitos anos em raízes mortas ou vivas de árvores de fruto e nozes, e em espécies de árvores ornamentais e nativas.

A doença ocorre frequentemente ao longo de antigos leitos de ribeiros e perto de riachos, onde o solo é húmido e onde as raízes mortas ou os cepos que albergam o fungo podem estar enterrados no solo. O fungo necessita de condições de solo fresco e húmido para se desenvolver e propagar, pelo que raramente constitui um problema em zonas desérticas.

Gestão

A gestão da podridão radicular da Armillaria baseia-se principalmente na prevenção da infeção de novas árvores. Quando a infeção é evidente, é muito difícil salvar uma árvore. Evitar plantar num local suscetível de estar infestado com *Armillaria*. Se houver árvores infectadas no seu pomar, remova-as completamente, incluindo as raízes, e deixe as árvores secarem completamente antes de as eliminar. Remover também as árvores vizinhas, aparentemente saudáveis; assim que aparecerem sintomas numa árvore, é provável que a doença já se tenha espalhado para as raízes das árvores vizinhas.

Para preparar locais infestados para replantação, remover os cepos e as raízes da árvore doente. Destrua as raízes com mais de 1,2-2,5 cm de diâmetro e fumigue o local.

Tabela (14): Formulação de Enzone usada para controlar *Armillaria*

Nome comum (designação comercial)	Quantidade a utilizar	R.E.I.+ (horas)	P.H.I.+ (dias)
Tetratiocarbonato de sódio (Enzone)	5gm/L	4 dias	0

Podridão radicular de Phytophthora

Patógenos: *Phytophthora citrophthora* e *P. parasitica*

Sintomas

A podridão radicular de Phytophthora provoca um **declínio lento da árvore**. As folhas tornam-se verde claro ou amarelas e podem cair, dependendo da quantidade de infeção. A doença destrói as raízes de alimentação dos porta-enxertos susceptíveis. O agente patogénico infecta o córtex da raiz, que se torna mole e se separa do estelo. Se a destruição das raízes de alimentação ocorrer mais rapidamente do que a sua regeneração, a absorção de água e nutrientes será severamente limitada. A árvore terá um crescimento fraco, as reservas de energia armazenadas serão esgotadas e a produção diminuirá (Anon, 2000; CAB International, 2000).

Os sintomas da doença são muitas vezes difíceis de distinguir dos danos causados por nemátodos, sal ou inundações; apenas uma análise laboratorial pode fornecer uma identificação positiva.

Comentários sobre a doença

As espécies de *Phytophthora* estão presentes na maioria dos pomares de citrinos. Podem sobreviver a condições adversas como esporos persistentes no solo. Em condições de humidade, é produzido um grande número de zoósporos móveis, que podem nadar na água durante curtas distâncias. Os zoósporos são os agentes infecciosos que são transportados pela água de irrigação ou da chuva para as raízes.

A Phytophthora citrophthora é uma podridão radicular invernal que também provoca a podridão castanha dos frutos e a gomose. *A Phytophthora citrophthora* está ativa durante as estações frias, quando as raízes dos citrinos estão inactivas e a sua resistência à infeção é baixa. *A Phytophthora parasitica* está ativa durante o tempo quente, quando as raízes estão a crescer.

Gestão

A gestão da podridão radicular *de Phytophthora* envolve a utilização de porta-enxertos resistentes, a gestão da irrigação, fungicidas e fumigação.

Controlo cultural

Proporcionar uma drenagem adequada do solo e evitar a irrigação excessiva. Se a destruição das raízes de alimentação for mínima, as medidas corretivas podem incluir o aumento dos intervalos de rega, a mudança para a rega em linhas intermédias alternadas ou para um sistema de rega diferente, como os mini-aspersores, e a instalação de ladrilhos no subsolo.

Porta-enxertos resistentes

Ao replantar ou estabelecer novas plantações, escolha porta-enxertos resistentes sempre que possível, mas considere também a tolerância a outras doenças, aos nemátodos e ao frio. Os porta-enxertos mais tolerantes são a laranja e a laranja azeda.

Métodos organicamente aceitáveis

Os controlos culturais e a utilização de porta-enxertos resistentes são métodos de gestão aceitáveis num pomar de citrinos gerido segundo o modo de produção biológico.

Monitorização e decisões de tratamento

Se uma árvore que cresce num porta-enxerto suscetível parecer stressada, escavar um pouco de solo e verificar as raízes de alimentação. Fazer uma amostragem de *P. parasitica* durante os meses de julho a setembro e de *P. citrophthora* durante os meses de janeiro a março. Populações de *Phytophthora* superiores a 15 a 20 propágulos por grama de solo da zona radicular podem justificar um tratamento. Quando se planta ou replanta em solo infestado com *Phytophthora*, ou quando se tem de usar porta-enxertos susceptíveis, a fumigação pode ser viável se não persistirem outras condições adversas.

Tabela (15): Compostos utilizados para o controlo de *P. parasitica*

Nome comum (designação comercial)	Quantidade a utilizar	R.E.I. (horas)	P.H.I. (dias)
Pré-plantação			
Metam Sódio (Vapam, Metam Sódio)	500gm/100L	48	0
Cloropicrina	500gm/100L	48	0
árvores não produtivas			
Mefenoxame (Ridomil Gold)	1 L/100L de água	48	0
Fosetyl (Aliette)	1,5-3,5 kg/100L de água	12	30
árvores de fruto			
Mefenoxame (Ridomil Gold)	22ml /100L	48	0
Fosetyl (Aliette)	1,5-3,5 kg/100L de água	12	30

Botrytis e doenças

Patogénico: *Botrytis cinerea*

Sintomas

O agente patogénico *Botrytis* infecta normalmente os tecidos através de ferimentos e forma tapetes cinzentos e aveludados de tecidos esporulados. Os galhos infectados podem morrer vários centímetros. As flores infectadas resultam frequentemente numa maior queda de frutos e em lesões nos frutos em desenvolvimento. Estas lesões nos frutos são evidentes como sulcos nos frutos maduros que resultam numa colheita com uma classificação inferior durante a comercialização. O nome "bolor cinzento" é utilizado para descrever a doença quando esta ocorre como decomposição do fruto durante o armazenamento pós-colheita.

Comentários sobre a doença

A Botrytis cinerea é um fungo omnipresente que causa doenças nos galhos, folhas, flores e frutos dos citrinos em áreas com condições prolongadas de humidade e frio. Geralmente, o organismo é um agente patogénico menor dos citrinos; os limões são infectados mais frequentemente do que outras culturas de citrinos.

Gestão

As medidas preventivas gerais, como evitar lesões mecânicas, proteger contra as geadas e a podridão castanha e podar regularmente para melhorar a circulação do ar, podem ajudar a reduzir a incidência das doenças de Botrytis.

Os tratamentos com fungicidas cúpricos e benzimidazóis antes da chuva ou do nevoeiro podem ajudar a reduzir as fases floral e frutífera da doença. Em condições ambientais prolongadas de frio e humidade, são necessários tratamentos frequentes, que podem não ser económicos. Em anos húmidos, podem ser necessários tratamentos pós-colheita para evitar a deterioração dos frutos durante o armazenamento e a comercialização.

Quadro (16): Compostos utilizados no controlo de *Botrytis cinerea.*

Nome comum (designação comercial)	Quantidade a utilizar	R.E.I. (horas)	P.H.I. (dias)
Pré-colheita (lesões na flor e no fruto)			
Cobre fixo	200-300gm/100L	24	0
Pós-colheita (podridão cinzenta dos frutos)			
Fludioxonil (Graduado)	40-80ml/100L	NA	NA

Podridão castanha

Brown Rot

Agente patogénico: *Phytophthora* spp.

Sintomas de podridão castanha

Os sintomas aparecem principalmente em **frutos maduros** ou **quase maduros**. Inicialmente, as lesões firmes e coriáceas têm um aspeto encharcado de água, mas rapidamente se tornam moles e têm uma cor bronzeada a castanho-azeitona e um odor pungente. Os frutos infectados acabam por cair. Ocasionalmente, galhos, folhas e flores são infectados, tornando-se castanhos e morrendo (Minessy *et al.*, 1974).

Comentários sobre a doença

A podridão castanha é causada por várias espécies de *Phytophthora* quando as condições são frescas e húmidas. A podridão parda desenvolve-se principalmente em frutos que crescem perto do solo quando os esporos *de Phytophthora* do solo são salpicados para as saias das árvores durante as tempestades; as infecções desenvolvem-se em condições de humidade contínua. Os frutos na fase inicial da doença podem passar despercebidos na colheita e infetar outros frutos durante o armazenamento.

Gestão

A gestão da podridão castanha baseia-se na prevenção. A poda das saias das árvores a 24 ou mais polegadas acima do solo pode reduzir significativamente a podridão castanha.

Uma pulverização de **fungicida cúprico** entre outubro e dezembro, antes ou logo após a primeira chuva, pode proporcionar proteção durante toda a estação das chuvas. Se a precipitação for excessiva, pode ser necessário repetir a pulverização em janeiro ou fevereiro. Pulverize as saias até cerca de 1 metro acima do solo. Pulverizar o solo por baixo das árvores também reduz as infecções de podridão castanha.

Quadro (17): Compostos utilizados para o controlo do míldio.

Nome comum (designação comercial)	Quantidade a utilizar	R.E.I. (horas)	P.H.I. (dias)
Cobre fixo	200-300ml/100L	24	0
Sulfato de zinco Sulfato de cobre Cal hidratada	380,0 ml / 100 L	0	0
Bordéus	38,0 kg/100 L	0	0
Fosetyl	2,25 kg /100L	12	30

Podridão seca da raiz

Patogénico: *Fusarium solani*

Sintomas

Os sintomas gerais da podridão radicular seca são semelhantes aos provocados por espécies de *Phytophthora* e outros agentes que danificam as raízes ou cingem o tronco.

Estes incluem a redução do vigor, **a cor verde** baça **das folhas, um crescimento novo fraco e a morte dos ramos**. Se ocorrerem danos extensos nas raízes, as folhas murcham e secam subitamente na árvore.

A doença começa geralmente nas raízes maiores e espalha-se pela copa. Manchas ou grandes áreas de casca na parte subterrânea da copa mostram uma decomposição húmida, que mais tarde seca e adere à madeira. Em alguns casos, a casca seca também pode ser vista acima do solo. A madeira abaixo da casca morta é dura, seca e manchada de castanho acinzentado a púrpura. Ao contrário da gomose de Phytophthora, a podridão radicular seca não produz goma e a lesão estende-se profundamente na madeira. A infeção inicial pode ocorrer na plantação ou em qualquer altura durante a vida da árvore, mas os sintomas acima do solo só podem aparecer vários anos após a infeção inicial, quando a região da copa tiver sido cingida. Quando a região da copa é anelada, a árvore entra em colapso (CAB International, 2000).

Comentários sobre a doença

Os organismos da podridão seca infectam frequentemente uma árvore através da copa ou de raízes maiores que foram feridas por fungos *Phytophthora*, ferimentos mecânicos, esquilos ou queimaduras de raízes causadas por uma grande dose excessiva de fertilizantes, herbicidas ou nematicidas. Todos os porta-enxertos comuns são susceptíveis à podridão radicular seca.

Embora a doença seja normalmente um problema crónico e afecte geralmente apenas algumas árvores dispersas num bosque, pode evoluir para uma epidemia em alguns pomares. É causada por *Fusarium solani* que infecta as raízes principais e a coroa radicular. *O Fusarium solani* é tipicamente um fungo saprófita que se desenvolve em madeira morta e moribunda. O desenvolvimento da podridão seca não é bem compreendido, mas acredita-se que o stress da árvore e outras lesões predispõem a árvore, permitindo que a infeção por *Fusarium solani* se desenvolva num agente patogénico que acaba por matar as árvores infectadas.

Gestão

Uma boa gestão do pomar, especialmente uma irrigação cuidadosa, é essencial para prevenir a podridão seca. Se o solo à volta das copas e raízes das árvores estiver saturado durante longos períodos de tempo, aumentam as probabilidades de lesões e subsequente infeção fúngica. Ao estabelecer sulcos, coloque bermas ao longo das árvores para que as copas fiquem protegidas da água. Ajustar os aspersores de forma a que a água não atinja os troncos. Durante as operações culturais, evitar ferimentos nas partes subterrâneas da copa, especialmente durante a estação fria e húmida. Seguir as instruções dos rótulos para a aplicação de fertilizantes, herbicidas e nematicidas nas doses recomendadas para evitar causar fitotoxicidade e queimar o tecido radicular quando são utilizadas quantidades excessivas destes materiais. Antes de fertilizar árvores jovens, espere pelo menos 6 semanas após a plantação ou até que as árvores apresentem um novo crescimento.

Verifique regularmente se há sinais de podridão radicular de Phytophthora ou de danos provocados por vertebrados que possam fornecer locais de entrada para a podridão radicular seca. Se suspeitar de uma infeção de podridão radicular seca, escave à volta da árvore, porque a podridão pode estar debaixo das raízes da copa ou numa ou mais das raízes laterais principais. Pode ser possível retardar a propagação da doença expondo a região da coroa e deixando-a secar. Podar as saias da árvore e remover o solo da região da copa. Corrigir as condições adversas do solo, como a má drenagem.

Remover as árvores que se tornaram improdutivas devido a uma infeção grave. Não existem tratamentos químicos eficazes.

Dothiorella Gummosis

Agente patogénico: *Botryosphaeria ribis* (*Dothiorella gregaria*)

Sintomas

A gomose de Dothiorella pode causar o declínio e a morte de **folhas e galhos** em **ramos dispersos** ou de toda a árvore, com os frutos e as folhas a permanecerem agarrados.

Partes de troncos ou ramos apresentam a casca exterior morta localizada sobre um cancro afundado. A casca morta pode exsudar goma; a camada cambial da madeira por baixo da casca pode ser castanha a amarelada. O cancro pode espalhar-se para cima e para baixo no câmbio em sulcos com alguma descoloração ténue, superficial e castanha amarelada da madeira subjacente.

A gomose de Dothiorella pode causar o declínio rápido e a morte de uma árvore. As árvores jovens são especialmente susceptíveis se o tecido afetado não for removido. Muitas vezes, a casca morta permanece ligada à árvore tão firmemente que não é imediatamente óbvio que está morta. Esta casca morta tem um tom mais acinzentado do que a casca saudável (Anon, 2000; CAB International 2000).

Comentários sobre a doença

Ao contrário da podridão radicular seca, a descoloração da casca pelo agente patogénico é mais clara e a casca infetada pode escorrer um líquido escuro.

À superfície, os cancros de Dothiorella podem ter um tom acinzentado com casca morta que permanece firmemente agarrada.

Gestão

Uma doença menor, a gomose de Dothiorella está geralmente associada a uma ferida ou lesão.

Gomose de Phytophthora

Agente patogénico: *Phytophthora* spp.

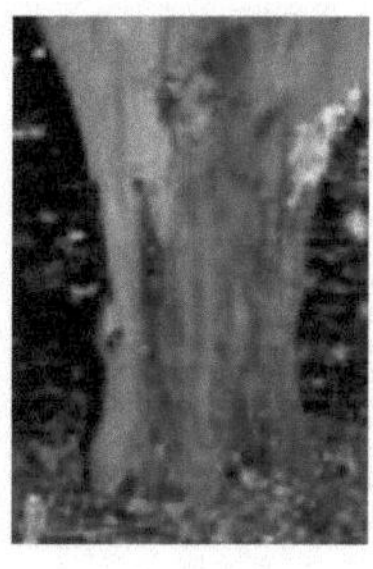

Sintomas

Um sintoma precoce da gomose de Phytophthora é a saída de seiva de pequenas fissuras na casca infetada, dando à árvore um aspeto sangrento. A goma pode ser lavada durante uma chuva forte. A casca permanece firme, seca e acaba por rachar e desprender-se. As lesões espalham-se à volta da circunferência do tronco, cingindo lentamente a árvore. O declínio pode ocorrer rapidamente no espaço de um ano, especialmente em condições favoráveis ao desenvolvimento da doença, ou pode ocorrer ao longo de vários anos (Minessy *et al.*,1974).

Comentários sobre a doença

Os fungos *Phytophthora* estão presentes em quase todos os pomares de citrinos. Em condições de humidade, os fungos produzem um grande número de zoósporos móveis, que são espalhados nos troncos das árvores. As espécies de *Phytophthora* que causam a gomose desenvolvem-se rapidamente em condições húmidas e frescas. O tempo quente de verão atrasa a propagação da doença e ajuda a secar e a curar as lesões.

As infecções secundárias ocorrem frequentemente através de lesões criadas por *Phytophthora*. Estas infecções matam e descoloram a madeira, em contraste com as infecções por Phytophthora, que não descoloram a madeira.

Gestão

A gestão da gomose de Phytophthora centra-se na prevenção de condições favoráveis à infeção e ao desenvolvimento da doença. Todas as cultivares de enxerto são susceptíveis de infeção sob as condições ambientais adequadas.

Controlo cultural

Plantar as árvores numa viga ou a uma altura suficiente para que as primeiras raízes laterais estejam apenas cobertas de terra. A correção de qualquer problema de solo ou de água é essencial para uma recuperação. Para além de melhorar as condições de crescimento, pode travar a propagação da doença removendo a casca escura e doente e uma faixa tampão de casca saudável, castanha clara a esverdeada, à volta das margens da infeção. Deixe a área exposta secar. Também pode raspar ligeiramente a casca doente para encontrar o perímetro da lesão e depois usar um maçarico de propano para queimar a lesão e uma margem de 2,5 cm à sua volta. Volte a verificar frequentemente durante alguns meses e repita se necessário.

Métodos organicamente aceitáveis

Os controlos culturais e os tratamentos com cobre são aceitáveis para utilização em citrinos com certificação biológica.

Monitorização e decisões de tratamento

As fases tardias da gomose de Phytophthora são distintas, mas os sintomas iniciais são muitas vezes difíceis de reconhecer.

No entanto, a deteção precoce e as acções de gestão imediatas são essenciais para salvar uma árvore. Se 50% ou mais de uma região do tronco ou da copa de uma árvore adulta estiver anelada, pode ser mais económico substituir a árvore do que tentar controlar a infeção. Ao estabelecer um novo pomar, verificar cuidadosamente a parte inferior do tronco e o porta-enxerto das novas árvores para detetar quaisquer sintomas de gomose antes de as plantar. Quando as árvores estão embrulhadas em serapilheira, abrir e inspecionar uma amostra representativa (pelo menos 10% das árvores). Quando se plantar ou replantar num solo infetado com *Phytophthora*, ou quando se tiver que usar um porta-enxerto suscetível, a fumigação pode ser útil.

Inspeccione o seu pomar várias vezes por ano para detetar sintomas de doenças. Procure sinais de gomose na parte inferior do tronco e da copa e de acumulação de terra à volta da copa; não permita que os gomos fiquem enterrados.

Os invólucros das árvores jovens devem ser levantados ou removidos para inspeção. Quando detetar lesões de goma, verifique as condições do solo e de drenagem. Os fungicidas sistémicos podem controlar a gomose de Phytophthora e podem ser utilizados sprays de cobre para proteger contra a infeção.

Tabela (18): Compostos utilizados para o controlo de fungos *Phytophthora.*

Nome comum (designação comercial)	Quantidade a utilizar	R.E.I. (horas)	P.H.I. (dias)
Fumigação antes da plantação			
Metam sódico (Vapam, Metam sódico)	120 kg/4000m^2	48	0
Cloropicrina	120 kg/4000m^2	48	0
Pós-implantação			
Cobre	200-300ml/100L	24	0
Fosetyl (Aliette)	1,5-3,0 kg/100 L de água	12	30
Mefenoxame (Ridomil Gold)	2 L/100 L água	48	0

Septoria Spot

Patogénico: *Septoria citri*

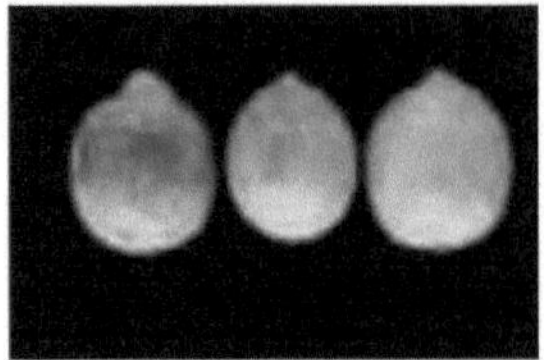

Septoria Spot

Sintomas

Os primeiros sintomas da mancha de Septoria aparecem como pequenos caroços castanho-claros a castanho-avermelhados no fruto, com 1 a 2 mm de diâmetro, que normalmente não se estendem para além do tecido oleaginoso. As lesões avançadas são enegrecidas, afundadas, estendem-se para o albedo (parte interna esponjosa branca da casca) e têm até 20 a 30 mm de diâmetro. Nestas lesões desenvolvem-se frequentemente corpos de frutificação de cor castanha escura a preta, que normalmente não se estendem para além do tecido oleaginoso. As manchas são muito mais visíveis depois de o fruto ter mudado de verde para amarelo ou laranja. As pequenas manchas podem transformar-se em grandes manchas castanhas durante o armazenamento ou o transporte a longa distância. *A Septoria citri* também pode causar manchas semelhantes em folhas ou galhos enfraquecidos pela geada ou por pragas.

Comentários sobre a doença

O fungo *Septoria* provoca manchas nas laranjas de Valência, nas laranjas de umbigo de fim de estação e, ocasionalmente, nos limões e toranjas. Ocorre em regiões de clima frio e húmido.

As infecções começam quando os conídios *de Septoria* são transportados pela árvore através da chuva. Os esporos germinam com a humidade adicional da chuva ou do orvalho e infectam normalmente os tecidos dos frutos feridos pelo frio e as lesões mecânicas. Os danos na casca diminuem a qualidade do fruto e resultam em abate.

A mancha de septoriose pode ser confundida com lesões por cobre e outros agentes abióticos e bióticos.

Gestão

Aplicar uma pulverização preventiva de cobre no final do outono ou no início do inverno, imediatamente antes ou depois da primeira chuva. Em anos de chuva intensa, podem ser necessárias aplicações adicionais.

- Fazer a primeira pulverização entre 15 de outubro e 30 de novembro.

1. Utilizar um mínimo de 1,5 kg de equivalente de zinco metálico por 4000 m^2 e um mínimo de 0,6 kg de equivalente de cobre metálico por 4000 m^2 . Quando utilizar 10 kg de equivalente de cobre, utilize um

mínimo de 1,0 kg de cal hidratada, e quando se utiliza 2,0 kg de equivalente de cobre, utilizar um mínimo de 2,0 kg de cal hidratada.

2. Aplicar como uma aplicação diluída com um mínimo de 250-300gm por 4000m .[2]

3. Podem ser utilizadas taxas mais elevadas de zinco, cobre e cal, conforme as condições locais o justifiquem, mas sem exceder as taxas indicadas no rótulo do fabricante.

4. Os pulverizadores Bordeaux também cumprem os requisitos de pré-colheita para a exportação de laranjas .

Utilizar um mínimo de 2,0 kg de zinco metálico, 0,5 kg de cobre metálico e 10,0 kg de cal hidratada em não menos de 250-300 g por 4000 m^2 . Misturar pela seguinte ordem: zinco, depois cobre, seguido de cal.

Tabela (19): compostos utilizados no controlo do fungo *Septoria*

Nome comum (designação comercial)	Quantidade a utilizar	R.E.I. (horas)	P.H.I. (dias)
Pré-plantação			
Sulfato de cobre e zinco fixo	250-300gm/100L	24	7
Sulfato de zinco Sulfato de cobre	250-300 gm/100L	24	7

Complexo da doença da tristeza

Patogénico: *Vírus da tristeza*

Tristeza virus

Sintomas

O vírus *da tristeza* é transmitido por brotamento e enxertia ou por afídeos que se alimentam de citrinos. O pulgão do melão, *Aphis gossypii*, é o vetor de todos os isolados (tipos) de tristeza; no entanto, não transmite todos os isolados da mesma forma. As combinações de porta-enxertos susceptíveis infectados com o vírus apresentam sintomas semelhantes aos provocados por outras doenças que afectam as raízes ou que envolvem a copa. As árvores infectadas com a tristeza apresentam uma folhagem verde-clara, fluxos de crescimento fracos e alguma queda de folhas. As árvores podem produzir uma colheita abundante de frutos mais pequenos, visto que a cintura na união dos botões impede o transporte de amido para as raízes. As raízes alimentadoras morrem da periferia para dentro. As árvores jovens doentes florescem cedo e abundantemente e começam a produzir frutos 1 a 2 anos antes das árvores saudáveis (Nour Eldin,1959;CAB International2000).

Comentários sobre a doença

As doenças de Tristeza, incluindo o **declínio rápido**, o amarelo das plântulas e o fendilhamento do caule, são síndromes diferentes causadas por diferentes isolados do vírus da tristeza. Diferem na sua virulência e na sua reação a diferentes cultivares de enxerto e ao porta-enxerto em que o enxerto está a crescer.

Gestão

A gestão do complexo da tristeza depende em grande medida de medidas preventivas, como a utilização de porta-enxertos tolerantes e de material de propagação isento de tristeza. No entanto, devido ao inseto vetor, a propagação da doença não pode ser completamente evitada. Os sintomas da tristeza tornam-se mais evidentes durante os meses quentes de verão, quando o aumento das necessidades de água não pode ser satisfeito pelo sistema radicular em declínio. Respeitar as restrições de quarentena para evitar a propagação da tristeza. Não devem ser expedidas plantas ou partes de plantas de distritos de regiões infectadas para outras áreas.

Bolor fuliginoso (*Capnodium citri)*

Sooty mould on fruits

Sooty mould on leaves

A doença é comum nos pomares onde as cochonilhas e as cochonilhas não são controladas eficazmente. O revestimento preto aveludado nas folhas, galhos e frutos é a caraterística da doença. O revestimento é superficial e pode ser facilmente arrancado da folha. Em condições de seca, as folhas afectadas enrolam-se e murcham (Anon, 2000).

Controlo : A doença pode ser controlada podando os ramos afectados e destruindo-os. Os insectos que causam a doença podem ser controlados por pulverização de Wettasulf (0,2%)+ Metacid (0,1%)+ goma acácia (0,3%) no mês de maio. Uma vez eliminados os insectos, o bolor fuliginoso desaparece automaticamente por falta de meio adequado para se propagar.

Rotas de armazenamento

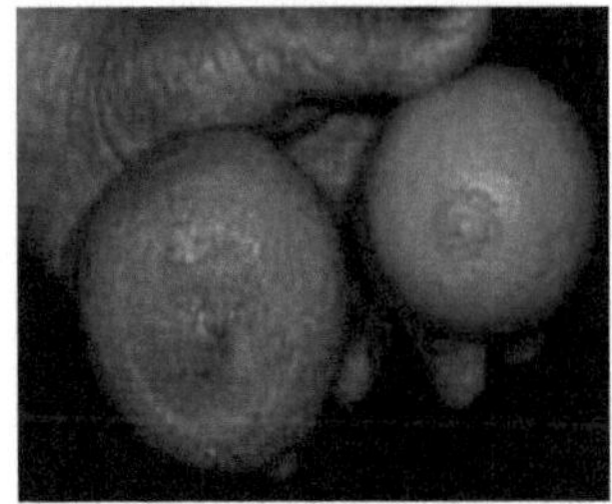

Green mould

Bolor verde (*Penicillium digitatum) e* **bolor azul** (*Penicillium italicum)*

O bolor azul e o bolor verde são doenças pós-colheita comuns dos citrinos. Todos os tipos de citrinos são susceptíveis a estas duas doenças causadas por bolores.

Sintomas: O sintoma inicial do bolor azul e verde é o aparecimento de uma mancha mole, aquosa e ligeiramente descolorida de 1/4 a 1/2 polegada de diâmetro. Esta mancha aumenta para 1 a 2 polegadas de diâmetro após 1 a 1,5 dias a 24,0° C. Aparece micélio branco na superfície, e quando o fungo em crescimento tem cerca de 1 polegada de diâmetro, são produzidos esporos azuis ou verde-azeitona. Toda a superfície do fruto fica rapidamente coberta com os esporos azuis ou verde-azeitona, que se espalham facilmente se o fruto for manuseado ou exposto a correntes de ar (Isshak *et al.*, 1974).

Biologia dos agentes patogénicos: O fungo que causa o bolor azul é o *Penicillium italicum*, enquanto que o agente patogénico que causa o bolor verde é o *Penicillium digitatum*. Os esporos dos fungos são produzidos em cadeia e em grandes quantidades nos frutos infectados. Os fungos sobrevivem no pomar sob a forma de esporos. A infeção ocorre através de esporos transportados pelo ar que entram na casca do fruto através de ferimentos. O ciclo de infeção e esporulação pode ocorrer muitas vezes durante a estação no armazém de embalagem. O bolor azul e o bolor verde desenvolvem-se mais rapidamente a cerca de 24,0° C; por outro lado, a podridão é praticamente interrompida a uma temperatura de 2,0° C (Isshak *et al.*,1974).

Controlo: A colheita, o manuseamento, o acondicionamento e o armazenamento cuidadosos da fruta minimizam as lesões na casca da fruta e o risco de desenvolvimento de bolor azul ou verde. Práticas sanitárias de embalagem, incluindo a utilização de desinfectantes como o cloro ou outros materiais, ajudam a reduzir a concentração de esporos de fungos capazes de causar infecções. A aplicação pós-colheita de fungicidas selecionados pode ajudar a retardar o desenvolvimento de bolor azul e verde, especialmente em combinação com o arrefecimento imediato da fruta após o embalamento.

Biocontrolo:

Brown e Chambers (2000) afirmaram que utilizaram Aspire, uma formulação da levedura *Candida oleophila* para aplicação pós-colheita em citrinos para o controlo biológico do **bolor verde** (*Penicillium digitatum*).

Teresa *et al.*,(2008) investigaram a sobrevivência e a eficácia de diferentes formulações do agente biológico *Pantoea agglomerans* contra ***Penicillium* spp**. com diferentes tratamentos pré-colheita. Os resultados indicaram uma elevada sensibilidade das células *de P. agglomerans* não adaptadas e adaptadas ao osmótico às condições ambientais no campo, resultando em tratamentos pré-colheita que foram ineficazes contra *Penicillium* spp. Na segunda parte deste estudo, as condições de seca e a radiação solar foram identificadas como condições ambientais importantes que afectam seriamente as populações de células *de P. agglomerans*. Foram testadas diferentes estratégias de formulação com o objetivo de melhorar a resistência das células a condições ambientais desfavoráveis.

As células de *P. agglomerans* adaptadas à osmose na presença de 25 gm/L de NaCl no meio de produção [tratamento adaptado à osmose (P25)] ou a actividades de água (aw) de 0,98 [tratamento adaptado à osmose (P98)] tiveram taxas de sobrevivência mais elevadas do que as células não adaptadas, quando estas células foram pulverizadas em laranjas e armazenadas em câmaras hermeticamente fechadas a uma baixa UR de 43%. Entre os sete aditivos testados, a presença de 5% de Fungicover na suspensão bacteriana melhorou a aderência e a persistência das células *de P. agglomerans* em laranjas expostas a condições desfavoráveis. Assim, enquanto as células de P. agglomerans pulverizadas isoladamente tinham valores logarítmicos de 0,5 UFC/2,0 cm, em combinação com Fungicover o nível populacional de células *de P. agglomerans* atingiu valores logarítmicos de 5 e 4,2 UFC/2,0 cm, às 0 e 24 horas após a aplicação. As células liofilizadas mostraram maior resistência a condições ambientais desfavoráveis do que as células frescas. O presente estudo demonstrou que a melhoria da formulação pode proporcionar um melhor desempenho dos agentes de biocontrolo em condições ambientais não propícias ao crescimento e à sobrevivência.

Kinay e Mehmet (2008) descobriram que a incidência de bolores verdes e azuis foi inibida por três formulações de *Metschnikowia pulcherrima* (isolado M1/1) e *Pichia guilliermondii* (isolado P1/3). Ambos os isolados de levedura preparados separadamente como formulações no. 5 e 6 reduziram ambas as doenças em 90-100%; no entanto, a eficácia de *P. guilliermondii* (isolado P1/3) da formulação n.º 6 foi inferior à da formulação n.º 5 . As formulações no. 5 e 11 de ambos os isolados de levedura reduziram a incidência de bolor verde na toranja ferida em 60-75% . As formulações no. 5 e 11 de ambas as leveduras foram também eficazes na redução da incidência do bolor azul na toranja.

Leelasuphakul *et al.*, (2008) infestaram vinte e três estirpes de *Bacillus* spp. isoladas do solo, que mostraram actividades antagonistas *in vitro* contra o patogénio *Penicillium digitatum*, uma causa da doença da podridão dos citrinos. Os sobrenadantes de cultura de nove estirpes causaram >80% de inibição do crescimento de *P. digitatum* quando foram diluídos em série a 1:32. Os compostos voláteis produzidos por estas estirpes também causaram uma inibição de 30-70% do crescimento do fungo. Um extrato etanólico de um sobrenadante livre de células *de Bacillus subtilis* 155, referido como metabolitos secundários (SMs), produziu o melhor efeito inibitório no crescimento micelial e na germinação de esporos do fungo com valores EC_{50} de 77,26 e 82,10 µgm /L, respetivamente. Os compostos inibitórios, separados das SMs por cromatografia em camada fina preparativa (CHC13/MeOH/H2O: 65/25/4, v/v/v), apresentaram valores de *Rf* de 0,14, 0,28, 0,31, 0,49 e 0,64 com valores de EC_{50} de 95,73, 14,07, 15,19, 108,59 e 99,98 µgm‰, respetivamente. A proteína precipitada com sulfato de amónio saturado a 80%, a partir do sobrenadante da cultura, apresentou uma CE_{50} de 288µgurL. Após a eletroforese nativa em gel de poliacrilamida desta proteína, a atividade antifúngica da proteína foi detectada apenas na banda mais baixa. A inoculação de uma suspensão de conídios *de P. digitatum* (10^4 conídios/ml) em citrinos feridos induziu sintomas de doença no dia 3 e apodrecimento no dia 5. A inoculação com 20 µl de uma suspensão de 108 UFC/ml de endosporos *de B. subtilis* 24 h antes da inoculação de esporos fúngicos diminuiu a incidência da doença em 86,7%, e os sintomas da doença foram retardados em 6 dias e os sintomas de deterioração no dia 9. A adição de SMs (10 mg/ml), em simultâneo com o fungo, diminuiu a incidência da doença em 72,5%, atrasou os sintomas da doença até 5 dias após a inoculação e não foram observados sinais de deterioração até 9 dias. Os diâmetros médios das lesões observados nos tratamentos com endosporos bacterianos, SMs e um fungicida de controlo, imazalil, foram significativamente diferentes do tamanho das feridas no conjunto de controlo tratado apenas com conídios de fungos. *B. subtilis* 155 e os seus antibióticos são considerados agentes de controlo biológico potentes para suprimir o crescimento de *P. digitatum* na proteção pós-colheita de citrinos.

Luis *et al.*, (2010) descobriram que o desempenho da levedura estava parcialmente ligado a um rápido consumo de açúcares disponíveis no meio, e os isolados DhhBCS06, LL1 e LL2 de *Debaryomyces hansenii* (como agente de biocontrolo pós-colheita para o controlo de bolores verdes e azuis em citrinos) foram capazes de reduzir a incidência da doença até 80% após duas semanas de armazenamento.

Cancro dos citrinos

Xanthomonas citri

Canker on leaves and fruits

É a doença bacteriana mais grave da lima ácida durante a estação das chuvas. Os sintomas da doença aparecem nas folhas, nos ramos e nos caules dos frutos. As lesões de cancro surgem como manchas amareladas, que aumentam gradualmente de tamanho e se apresentam como pústulas acastanhadas, elevadas e rugosas. Estas pústulas são rodeadas por uma auréola amarela caraterística. As lesões de cancro nos frutos estão confinadas apenas à casca e não penetram na polpa do fruto. O valor de mercado dos frutos afectados pelo cancro é muito reduzido.

Controlo: A poda e a queima de todos os ramos infectados com cancro antes da monção e a desinfeção dos cortes com tinta Bordeaux podem evitar a propagação da doença.

Três pulverizações de Streptocycline 100 ppm (10 g de Streptocycline + 5 g de sulfato de cobre em 100 litros de água) ou Blitox (0,3%) ou suspensão de bolo de neem (1 kg em 20 litros de água) durante fevereiro, outubro e dezembro podem controlar a doença.

Descrição das pragas

Os nemátodos parasitas de plantas são vermes redondos microscópicos e não segmentados que vivem no solo e nos tecidos das plantas e se alimentam das raízes das plantas. A espécie predominante que parasita os citrinos no Egito é o nemátodo dos citrinos (Badra & Shafiee, 1979; Abdul-Magid, 1980; CAB International, 2000; El-Sherif, 2010). Este nemátodo está presente na maioria dos pomares de citrinos e em todos os tipos de solo. Também parasita a uva, o lilás, a oliveira e o dióspiro. O nemátodo dos citrinos ataca as raízes enterrando a sua extremidade anterior profundamente no córtex da raiz, enquanto a extremidade posterior permanece no exterior da raiz.

O nemátodo dos citrinos (*Tylenchulus semipenetrans*) é uma praga importante e destrutiva dos citrinos no Egito. Foi detectado em pelo menos 60% das zonas de cultivo de citrinos no Egito. Para além dos citrinos, este nemátodo também infecta as uvas e as azeitonas e afecta a sua produção. Está amplamente distribuído nos solos ligeiros do vale do Nilo e do delta, bem como nas zonas desérticas recentemente recuperadas (El-Sherif, 2010). No entanto, tem uma vasta gama de hospedeiros e desenvolve-se bem a altas temperaturas e a baixos níveis de humidade.

Danos

Os danos causados por uma infestação de nemátodos dos citrinos dependem da idade e do vigor da árvore, da densidade da população de nemátodos e da suscetibilidade do porta-enxerto. As árvores maduras podem tolerar um número considerável destes nemátodos antes de mostrarem falta de vigor e sintomas de declínio.

As árvores susceptíveis plantadas em solos ligeiramente infestados podem crescer durante muitos anos sem danos aparentes e depois declinar lentamente. Os porta-enxertos resistentes geralmente desenvolvem-se bem mesmo em solos fortemente infestados. No entanto, se um pomar fortemente infestado for replantado com um porta-enxerto suscetível, sem fumigação do solo, as raízes das árvores jovens ficarão rapidamente muito parasitadas, o crescimento das árvores será atrofiado e a produção de frutos será reduzida. Esta condição é também referida como o *problema da replantação de citrinos*. Os danos são maiores quando as árvores estão predispostas por outros factores, como a podridão radicular de Phytophthora e o stress hídrico (CAB International, 2000).

Sintomas

Os sintomas descritos abaixo são típicos de um problema de nemátodos, mas não são de diagnóstico, porque também podem resultar de outras causas. Os sintomas acima do solo de danos causados por nemátodos são a falta de vigor, a morte dos galhos, o declínio do crescimento e a redução do tamanho e da produção dos frutos. As infestações de nemátodos podem ocorrer sem induzir quaisquer sintomas acima do solo. Os sintomas subterrâneos de uma infestação de nemátodos dos citrinos incluem um fraco crescimento das raízes de alimentação e a aderência do solo às raízes, dando-lhes um aspeto sujo.

Avaliação no terreno

Para tomar decisões de gestão, é essencial conhecer as espécies de nemátodos presentes e as suas estimativas populacionais. Se um pomar ou cultura anterior teve problemas causados por nemátodos que também estão listados como pragas de citrinos, os níveis populacionais podem ser suficientemente elevados para causar danos à cultura de citrinos subsequente. Se as espécies de nemátodos não tiverem sido previamente identificadas, recolha amostras de solo e envie-as para um laboratório de diagnóstico para identificação.

Controlo

Antes de plantar ou replantar um pomar de citrinos, obtenha uma análise profissional do solo; a análise ajudá-lo-á a determinar o potencial de danos causados por nemátodos e a planear uma estratégia de gestão. Num pomar já estabelecido, uma análise do solo confirmará os sintomas visíveis que possam estar presentes. Alguns laboratórios recolhem amostras, ou pode ter de o fazer você mesmo.

Para recolher amostras antes da plantação, dividir visualmente o pomar em blocos de amostragem que representem diferenças na textura do solo, padrão de drenagem ou historial de culturas. Num pomar já estabelecido, irrigado por aspersão ou sulcos, recolher amostras de solo e de raízes na linha de gotejamento das árvores que apresentam sintomas e amostras de árvores adjacentes, de aspeto saudável, para comparação. Em pomares irrigados por gotejamento, colher amostras em torno dos emissores, onde as raízes alimentadoras são mais abundantes. O solo não deve estar demasiado seco ou demasiado húmido.

Pode colher amostras de pousio em qualquer altura do ano. A melhor altura para colher amostras de um pomar estabelecido é de março a abril, de modo a que possam ser tomadas medidas, se necessário, para proteger o fluxo de crescimento primaveril das raízes. Em solos argilosos, a amostragem até 24 polegadas é suficiente; em solos arenosos, recolha amostras a uma profundidade de 36 polegadas. Utilizar um trado de solo, um tubo de Viehmeyer ou uma pá. Um trado de solo (3 polegadas de diâmetro) é conveniente para profundidades até 24 polegadas em solos arenosos. Para amostrar a uma profundidade superior a 60 cm, recomenda-se a utilização de um tubo de Viehmeyer para reduzir o volume de solo recolhido. O tubo pode ser facilmente martelado até 48 polegadas; no entanto, a quantidade de raízes recolhidas será muito menor do que com um trado de solo.

De cada bloco de amostragem, recolher 10 a 20 núcleos ou subamostras. Combine as subamostras, misture bem e deite o solo e as raízes em sacos de plástico duráveis ou noutros recipientes à prova de humidade. Feche bem e coloque os sacos à sombra até ter recolhido a última amostra. Anexar etiquetas com o nome e endereço, localização do pomar, bloco de amostragem, textura do solo, historial de culturas e sintomas notáveis e, se possível, porta-enxertos e temperatura do solo e do ar; esta informação é crítica para uma análise significativa. Enviar ou entregar as amostras ao laboratório o mais rapidamente possível. Envie-as numa caixa de cartão isolada com jornal ou numa caixa de gelo de esferovite. Se houver algum atraso, manter as amostras num local fresco (5 - 10°C).

A maioria dos laboratórios extrai juvenis de nemátodos de amostras de solo utilizando o funil de Baermann ou o método de elutriação/flotação. O método utilizado e, frequentemente, a eficiência da extração são comunicados juntamente com os resultados. As contagens de larvas são geralmente suficientes para estimar os níveis relativos de infestação. No entanto, a extração de fêmeas das raízes dos citrinos é mais precisa, especialmente quando se verifica o êxito de um tratamento químico no final da estação, quando as contagens de larvas são geralmente baixas devido às baixas temperaturas.

Interpretação da análise do solo

Embora varie muito com a humidade do solo, o tipo de solo e a temperatura, o número de nemátodos no solo, determinado pela análise do solo, pode dar algumas indicações sobre o potencial de danos de uma infestação. As amostras não podem fornecer uma previsão exacta do rendimento no final da estação porque muitos outros factores, incluindo o hábito de produção alternada de citrinos e outros problemas de pragas, podem influenciar o rendimento. O quadro seguinte mostra o número médio de juvenis e fêmeas em diferentes alturas de amostragem; não são tidos em conta os diferentes tipos de solo. O quadro dá uma estimativa aproximada de populações baixas, médias e altas. Recomenda-se um tratamento pré-plantação a todos os níveis quando se replanta um pomar com um porta-enxerto tolerante ou suscetível. A níveis baixos num pomar estabelecido, um tratamento não é económico, mas deve continuar a recolher amostras pelo menos uma vez por ano para ver se a população se mantém baixa. A níveis médios, o tratamento pode ser vantajoso se o local tiver um historial de danos provocados por nemátodos. A níveis altos, um tratamento pode prevenir uma redução substancial do tamanho dos frutos e da produção, mas as árvores saudáveis e vigorosas podem, muitas das vezes, tolerar populações altas sem danos aparentes. Em ambos os casos, um tratamento bem sucedido requer aplicações precisas e repetidas. Os nematicidas pós-plantação disponíveis são caros; é preciso pesar os custos do tratamento e a idade e condição do pomar, bem como a perda de colheita projectada.

Tabela (20): Classificação dos níveis populacionais dos juvenis e fêmeas do nemátodo dos citrinos determinados pela análise do solo.

Nível da população	Jovens		Mulheres	
	(por 500 g de solo)		(por 1 g de raízes)	
	Fev. - Abr.	maio-julho	Fev.-Abr.	maio-junho
Baixo	<2000	<4000	<100	<300
Médio	>5000	>8000	>400	>700
elevado	>12,000	>18,000	>1100	>1400

Amostras colhidas a 60 cm. de profundidade com tubo de Viehmeyer; extração com funil de Baermann; números de nemátodos ajustados para 100% de eficiência de extração; < = menor que,> = maior que. Um grama (g) de solo equivale a aproximadamente 1 cc, mas varia com a humidade do solo.

O número de fêmeas por unidade de raízes de alimentação é mais representativo do potencial de danos para a árvore do que o número de juvenis livres no solo. Se a população de fêmeas exceder o nível médio, é provável que o crescimento da árvore e a produção de frutos sejam reduzidos.

Gestão

Culturais. As boas práticas de saneamento são essenciais para evitar infestações de nemátodos. Utilizar material certificado livre de nemátodos para a plantação. A rotação com culturas anuais durante 1 a 3 anos antes da replantação de citrinos ajuda a reduzir as populações de nemátodos dos citrinos.

Amin e El-Shafeey (1998) afirmaram que a solarização do solo do viveiro através da aplicação de mulching com polietileno fino durante 6 semanas no verão e o solo nu reduziu significativamente a densidade populacional de *T. semipenetrans*, mais do que quando tratado com carbfuran 5 G. O declínio da população foi observado em amostras retiradas da camada de 20 cm de profundidade do solo, onde a temperatura excede frequentemente os °C. Além disso, reduziu o movimento iónico ascendente para a camada superior do solo, evitando a perda de água. As diferenças nos efeitos dos tratamentos sobre a densidade populacional de *semipenetrans* indicam alguma variação na suscetibilidade desta espécie. Os dados indicam um aumento da temperatura máxima, da evaporação e da sua duração nas parcelas solarizadas a uma profundidade superior à superfície do solo

Korayem e Abd El-Naby (2005) verificaram que a sacha profunda (até 3 profundidades) reduziu a população de nemátodos de *Tylenchulus semipenetrans*. Esta prática pode ajudar os produtores a remover cerca de 30,0-40,0% de nemátodos nas raízes dos citrinos. Os autores afirmam que a sacha profunda pode ser utilizada de dois em dois anos, para manter a população de nemátodos a um nível baixo, especialmente se for seguida da adição de matéria orgânica decomposta.

Korayem e Hassabo (2005) verificaram que os níveis de infestação de nemátodos (*Tylenc semipenetrans*) estavam positivamente relacionados com o volume da árvore, enquanto a correlação entre a população de nemátodos e o rendimento dos citrinos era negativa.

Seleção de porta-enxertos. Recomenda-se a utilização de um porta-enxerto resistente, quer os nemátodos estejam presentes. A laranja trifoliada é conhecida por ser tolerante ao nemátodo. A citrange Troyer também é resistente ao nemátodo dos citrinos, mas o nemátodo tem biótipos de quebra de resistência que podem desenvolver-se nesta raiz após um período de tempo, aumentando assim a sua suscetibilidade. A laranja doce, a laranja Trif, a toranja, a uva sem grainha Thompson e o algodão são considerados resistentes ao nemátodo das bainhas, o que torna a sua gestão relativamente fácil.

Químico. Se o local tiver sido anteriormente infestado por nemátodos dos citrinos, pode ser necessária a fumigação antes da plantação para reduzir os níveis populacionais de nemátodos. Ao replantar um pomar de citrinos, recomenda-se um tratamento pré-plantação, mesmo que seja utilizado um porta-enxerto resistente. Sabe-se que as árvores plantadas em pomares fumigados têm geralmente um melhor crescimento e rendimento do que as plantadas em pomares não fumigados.

Abd El-Hadi *et al.*, (1998) verificaram que a introdução de alterações orgânicas é favorável à produção biológica de citrinos e prática para o controlo biológico de agentes patogénicos das plantas. *O Tylenchulus semipenetrans* foi significativamente suprimido nas parcelas que continham alterações orgânicas do solo, especialmente após 45 dias. Os mecanismos de alteração do solo actuam como decompositores de produtos libertados no solo por microorganismos que são tóxicos para os nemátodos. Iniciaram uma sucessão de eventos que favorecem a acumulação de bactérias, nemátodos microbiovírus e outros organismos antagonistas. Verificou-se que os estrumes de vaca e de aves de capoeira diminuíram a população de nemátodos nas raízes dos citrinos em 92,3 e 93,3%, respetivamente, em comparação com as lamas de depuração brutas (64,9%) após 45 dias, tendo-se verificado uma recuperação dos nemátodos após 90 dias.

Korayem e Abd El-Naby (2005) verificaram que a aplicação de Vydate (5 ml/litro) permitiu uma redução de 55,2% na população de *Tylenchulus semipenetrans* em laranjeiras.

Em pomares estabelecidos, tratar quando a amostragem indicar a presença de mais de 400 fêmeas de nemátodos dos citrinos em 1 grama de raízes de fevereiro a abril ou mais de 700 em 1 grama de raízes em maio e junho.

Tabela (21): Compostos utilizados no controlo de nemátodos

Nome comum (designação comercial)	Quantidade a utilizar	R.E.I. (horas)	P.H.I. (dias)
Pré-plantação			
Metam Sódico (Vapam, Sectagon)	500ml/100L	48	NA
Pós-implantação			
Oxamil (Vydate L)	500ml/100L	48	7

Formigas dos citrinos

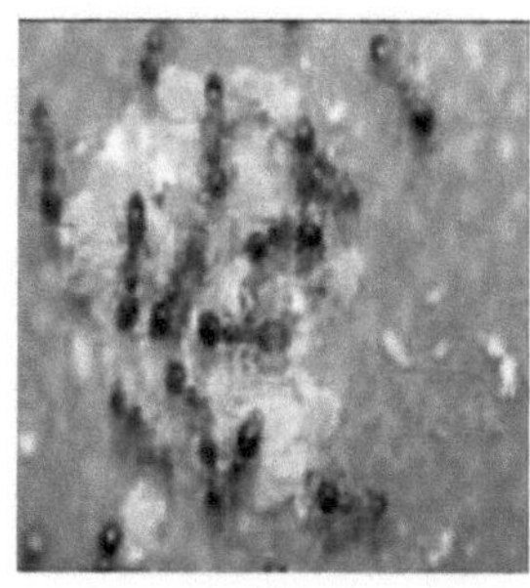

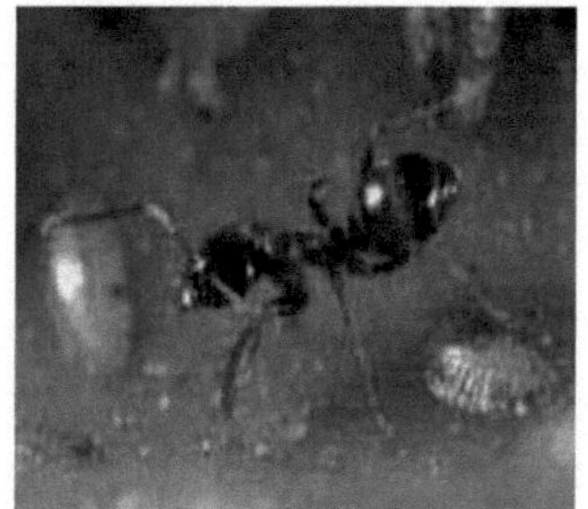

Ants

Formiga argentina: *Linepithema hum* Formiga cinzenta nativa: *Formica aerata* Formiga-de-fogo vermelha importada: *Solenops* Formiga-de-fogo-do-sul: *Solenopsis xyt*

Descrição das pragas

A formiga argentina é uma formiga pequena, uniformemente castanha. As formigas operárias deslocam-se em trilhos caraterísticos nas árvores, no solo ou em linhas de irrigação e constroem os seus ninhos no subsolo. As populações de formigas atingem o pico em meados do verão até ao início do outono. A formiga-de-fogo do sul é castanha avermelhada clara com um abdómen preto. Estas formigas constroem ninhos de montes soltos ou crateras perto das bases das árvores, não se agregam em colónias tão grandes como as da formiga argentina e picam e mordem. As formigas cinzentas nativas são cinzentas e consideravelmente maiores do que as outras duas espécies. Fazem os seus ninhos na camada superior do solo ou debaixo de pedras e detritos e deslocam-se em padrões irregulares. Em contraste com as formigas argentinas e as formigas-de-fogo, a formiga-cinzenta nativa é solitária e a sua importância na perturbação do controlo biológico é frequentemente subestimada. A formiga-de-fogo vermelha importada é nova na Califórnia e pode fazer grandes montes em forma de cúpula. Alimenta-se de quase todos os materiais vegetais ou animais.

Danos

A maior parte das formigas pragas alimenta-se da melada excretada por várias cochonilhas, cochonilhas-farinhentas, cochonilhas-da-almofada, moscas brancas e pulgões. Como parte desta relação, também protegem estes insectos dos seus inimigos naturais, interrompendo assim o controlo biológico das pragas produtoras de melada. No processo de manter a maioria dos inimigos naturais afastados, elas também protegem outras pragas, como a cochonilha vermelha da Califórnia, que se beneficia da falta de inimigos naturais. As formigas argentinas e as formigas cinzentas nativas são as espécies de formigas mais comuns que protegem agressivamente os insectos pragas. Além disso, as formigas argentinas e as formigas-de-fogo vermelhas importadas podem entupir os aspersores de irrigação. As formigas-de-fogo vermelhas importadas danificam diretamente as plantas mastigando os ramos e a casca tenra das árvores recém-plantadas; também picam as pessoas que trabalham no pomar e podem causar reacções alérgicas.

Gestão

As formigas podem ser extremamente perturbadoras para um programa IPM. As formigas argentinas, as formigas cinzentas nativas e as formigas-de-fogo podem ser impedidas de trepar às árvores através da poda de saia e da utilização de materiais pegajosos aplicados no topo de uma árvore, na casca, bem como através de tratamentos insecticidas.

Controlo biológico

Não são conhecidos inimigos naturais eficazes das formigas.

Controlo cultural

Podar as árvores, ou seja, remover os ramos a menos de 30 cm do solo e aplicar material pegajoso no tronco para impedir o acesso das formigas às árvores. Utilize polibutenos; os materiais à base de óleo podem causar fitotoxicidade e não devem ser utilizados. O material pegajoso deve durar de 2 a 10 meses e também impedirá o acesso do escaravelho da roseira. Se o material adesivo contiver sulfato de cobre, também controlará os caracóis castanhos de jardim. A persistência do material adesivo pode ser aumentada aplicando-o mais acima do solo para reduzir a contaminação por poeira e sujidade e para diminuir a lavagem da rega.

A aplicação de materiais de polibutenos pegajosos diretamente no tronco dos citrinos pode causar fissuras na casca, especialmente se forem aplicadas várias aplicações na mesma área do tronco e/ou se a área estiver exposta à luz solar . O material pegajoso pode ser aplicado no topo de um invólucro de árvore, mas isso é trabalhoso e dispendioso. As árvores jovens, que têm uma camada de câmbio muito fina, são mais susceptíveis de sofrer danos.

Para evitar danos na casca causados pelas formigas-de-fogo do sul, com a união dos gomos a cerca de 14-19 cm acima da superfície do solo. Irrigue conforme necessário, mas evite aplicar água no tronco e não permita que a água se acumule perto do tronco. Examinar periodicamente a casca sob os envoltórios do tronco das árvores jovens. Quando as árvores forem suficientemente grandes, remover os invólucros do tronco, que fornecem proteção para as formigas. Se se observar goma, inspecionar e, se necessário, tratar a gomose de Phytophthora . A cal de Bordeaux ajuda a evitar a formação de goma, que atrai as formigas.

O cultivo reduz as populações de formigas, mas pode criar tanta poeira que perturba o controlo biológico de outras pragas.

Métodos organicamente aceitáveis

Os controlos culturais, incluindo a utilização de materiais pegajosos, e o isco para formigas Gourmet são aceitáveis para utilização em pomares de citrinos geridos segundo o modo de produção biológico.

Monitorização e decisões de tratamento

Vigiar o pomar na primavera quando aparecem os insectos produtores de melada, como os pulgões. Verificar se o abdómen das formigas que descem pelos troncos das árvores está inchado e translúcido; isto identifica-as como espécies que recolhem melada. Inspecionar periodicamente se há formigas e danos na casca sob os troncos de várias árvores jovens.

Insecticidas

Sempre que possível, os iscos são o método químico preferido para o controlo das formigas. Os insecticidas de isco eficazes têm substâncias tóxicas de ação lenta que as formigas operárias recolhem e alimentam outras formigas, incluindo as imaturas e as rainhas que constroem os ninhos. Para um controlo de formigas mais eficaz e económico, o tratamento deve ser feito no início da primavera ou no verão, quando as populações de formigas estão apenas a começar a aumentar e a tornar-se activas na superfície do solo. Para determinar o isco a utilizar, identifique a sua espécie principal de formiga; as formigas-de-fogo alimentam-se predominantemente de proteínas, enquanto a maioria das formigas cinzentas e pretas se alimentam de açúcar.

Iscos de grãos de milho e óleo. Os iscos sólidos utilizam grãos de espiga de milho tratados misturados com óleo de soja como atrativo alimentar e um inseticida. Estes iscos são eficazes para as formigas-de-fogo que se alimentam principalmente de proteínas. Os tóxicos tendem a degradar-se com a luz, por isso aplique os iscos de manhã cedo ou ao fim do dia, quando as formigas estão activas e levarão o isco para o ninho. Geralmente, os iscos do tipo grão de milho são espalhados por toda a área que precisa de ser tratada. No entanto, a aplicação pontual de iscos no local do ninho de formigas é preferível à sua disseminação generalizada, uma vez que concentra o alimento no local onde as formigas se encontram.

Iscos à base de água açucarada. Os iscos líquidos utilizam um tóxico misturado com água açucarada, que disfarça o tóxico e ajuda a atrair as formigas. Estes iscos são mais úteis para as formigas argentinas e as formigas cinzentas nativas que se alimentam de açúcar líquido. A evaporação do isco pode fazer com que a concentração do tóxico aumente até um nível no isco que se torna repelente para as formigas. Todos os iscos líquidos devem ser utilizados numa estação de isco aprovada pela EPA.

Pulverizações com insecticidas de largo espetro. A alternativa às estações de isco de açúcar líquido ou aos iscos de grãos de milho é a utilização de um inseticida de largo espetro à base de clorpirifos, pulverizado na interface tronco/solo ou no interior dos invólucros das árvores jovens. A sua ação é mais rápida do que a de um isco, mas não é tão duradoura porque os resíduos se decompõem rapidamente. Além disso, os sprays de clorpirifos matam apenas as formigas operárias que entram em contacto com ele na superfície do solo, enquanto os iscos são transportados para o interior do monte e alimentam outras fases das formigas.

Coelhos dos citrinos

Chacal de cauda preta *Lepus californicus*

Coelhos de rabo-de-algodão e coelhos-bravos *Sylvilagus* spp.

Descrição da praga

O chacrabbit é uma lebre do tamanho de um gato doméstico grande. Tem orelhas muito compridas, patas dianteiras curtas e patas traseiras compridas. Os coelhos vivem em zonas abertas do Vale Central e dos vales costeiros. Fazem uma depressão debaixo de arbustos ou de outra vegetação onde permanecem isolados durante o dia. As crias de chacrabbit nascem com pelo completo, com os olhos abertos e tornam-se activas em poucas horas.

Os coelhos de cauda de algodão e os coelhos de mato são mais pequenos do que os coelhos-bravos e têm orelhas mais curtas. Nidificam em locais onde arbustos espessos, bosques ou rochas e detritos proporcionam uma cobertura densa. As suas crias nascem nuas e cegas e permanecem no ninho durante várias semanas.

Os coelhos estão activos durante todo o ano. Os coelhos-bravos preferem árvores junto a áreas abertas, como campos de relva e pastagens. Os coelhos de cauda de algodão e os coelhos de mato preferem pomares perto de habitats com arbustos, ravinas, zonas ribeirinhas e bosques favorecidos por estas espécies.

Danos

Os coelhos e as lebres podem danificar gravemente as árvores jovens, mastigando a casca do tronco e cortando os ramos baixos para comer os rebentos e a folhagem jovem. Os coelhos também podem roer as linhas de irrigação por gotejamento. Vivem frequentemente fora dos pomares, deslocando-se para se alimentarem desde o início da noite até ao princípio da manhã. Danificam as árvores principalmente no inverno e no início da primavera, quando as outras fontes de alimento são limitadas.

Gestão

Prevenir os danos num pomar de citrinos com vedações adequadas ou protecções das árvores. Isco, caça ou armadilha (dependendo da espécie e da dimensão da população) são também opções de controlo.

Controlo

Examine periodicamente as árvores jovens para detetar danos causados por coelhos. Se encontrar danos, procure excrementos e rastos que indiquem que os coelhos são a causa. As ratazanas também roem a casca do tronco, mas os danos causados pelos coelhos estendem-se mais acima na árvore e as marcas dos dentes são nitidamente maiores.

Se encontrar danos, vigie o perímetro do pomar de manhã cedo ou ao fim da tarde para ver por onde os coelhos entram e para ter uma ideia de quantos coelhos estão envolvidos. Também se pode estimar o número de coelhos à noite usando um holofote, que produz um "brilho nos olhos" facilmente observável. Quando as árvores têm 4 ou 5 anos de idade, os coelhos geralmente não representam um problema sério.

Vedação

A vedação à prova de coelhos evita danos nos pomares jovens. Faça a vedação com pelo menos 3 pés de altura usando arame tecido ou rede para aves com um diâmetro de malha de 1 polegada ou menos. Dobre os 15 cm inferiores da rede num ângulo de 90 graus e enterre-a a 13 cm de profundidade, virada para o lado oposto ao do pomar, para evitar que os coelhos escavem por baixo da vedação. Se estiver a construir uma vedação para excluir veados e os coelhos forem um problema potencial, é uma boa ideia acrescentar uma vedação à prova de coelhos ao longo da parte inferior. A menos que já esteja a construir uma vedação contra veados, o custo de uma vedação contra coelhos pode ser proibitivo para um pomar grande, quando só vai precisar dela durante alguns anos. As protecções individuais das árvores são uma boa alternativa.

Protectores de árvores

Os protectores de árvores são úteis quando se plantam novos pomares ou se replantam árvores em pomares já estabelecidos. Os cilindros feitos de malha de arame ou de alguns plásticos duros fornecem a melhor proteção contra os coelhos. Também se pode usar cartão ou papel pesado, mas os coelhos podem mastigá-los. Faça os cilindros com, pelo menos, 90 cm de altura para impedir que os coelhos alcancem a folhagem e os ramos, apoiando-se nas patas traseiras. Fixe as protecções das árvores com estacas ou estendais de madeira. Utilize arame de malha mais pequena e enterre os centímetros inferiores do cilindro se também precisar de proteção contra ratazanas.

Isco

Os iscos venenosos podem ser práticos para controlar um grande número de coelhos ou para coelhos que estejam a danificar árvores numa grande área. Os iscos não estão registados para utilização em coelhos de cauda de algodão ou de mato. Antes de colocar o isco, consulte o comissário agrícola do condado para saber quais as restrições relacionadas com espécies ameaçadas. Siga cuidadosamente as instruções do rótulo.

Os iscos de dose múltipla para controlo do coelho-bravo devem ser colocados em estações de isco especificamente concebidas para coelhos. Coloque as estações com isco perto dos trilhos e fixe-as de modo a que não possam ser facilmente derrubadas. Use tantas estações quanto necessário para garantir que todos os coelhos tenham acesso fácil ao isco, espaçando-as de 1,5 a 3,0 m ao longo do perímetro onde os coelhos entram no pomar. Inspecionar as estações de isco todas as manhãs durante os primeiros dias para manter as reservas de isco reabastecidas; pode demorar este tempo até que os coelhos se habituem a alimentar-se nas estações. Aumente a quantidade de isco nas estações ou o número de estações se todo o isco for consumido numa única noite.

Substituir qualquer isco que fique húmido ou com bolor. Normalmente, são necessárias 2 a 4 semanas ou mais para obter resultados com iscos de dose múltipla.

Continuar a colocar o isco até que a alimentação cesse e já não se observem coelhos. Certifique-se de que toma precauções para evitar que os animais domésticos e selvagens tenham acesso ao isco. Eliminar corretamente o isco não utilizado no final do programa de isco. Enterre as carcaças de coelho regularmente.

Outros métodos

O abate a tiro, a aplicação de repelentes e a armadilhagem podem proporcionar um controlo eficaz de pequenas populações de coelhos, ou podem ser utilizados para reduzir temporariamente os danos até que sejam instaladas outras medidas, como vedações ou protecções de árvores.

Pode abater todos os tipos de coelhos se estes estiverem a causar danos ao seu pomar e se o abate for permitido na sua zona. Se apenas um pequeno número de coelhos estiver envolvido, o abate pode ser tudo o que é necessário para evitar danos significativos enquanto as árvores são jovens. Para obter melhores resultados, patrulhe os pomares ao anoitecer e de manhã cedo.

Os repelentes pulverizados na folhagem ou pintados nos troncos podem impedir temporariamente os danos causados pelos coelhos. Os rótulos especificam o momento adequado de aplicação. Repita as aplicações conforme necessário para proteger o novo crescimento e para repor qualquer repelente que tenha sido lavado pela chuva ou irrigação por aspersão.

As armadilhas adequadas para apanhar ou matar animais vivos podem proporcionar um controlo eficaz de pequenas populações de coelhos de cauda de algodão ou de coelhos-bravos. A armadilhagem é geralmente ineficaz

contra os coelhos porque estes não entram facilmente nas armadilhas.

Ratos de telhado dos citrinos

Rattus rattus

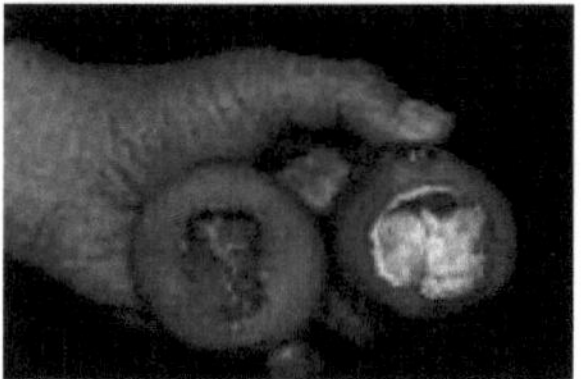

Descrição da praga

O rato de telhado, por vezes designado por rato preto, é uma praga vertebrada comum nos pomares de citrinos. Constrói ninhos de folhas e ramos em árvores de citrinos ou em árvores próximas, ou pode nidificar em montes de detritos ou em cobertura vegetal espessa no solo. Esta ratazana ágil e elegante tem um focinho pontiagudo e uma cauda mais comprida do que o corpo e a cabeça juntos.

Certifique-se de que identifica a espécie de ratazana presente para evitar matar espécies não visadas ou protegidas.

Tenha em atenção que as ratazanas-canguru (*Dipodomys* spp.) e a ratazana-da-madeira (*Neotoma fuscipes riparia*), ameaçadas de extinção, se assemelham a ratazanas-praga, mas estão protegidas por lei. Ao contrário da cauda sem pêlos e coberta de escamas das ratazanas de telhado, as caudas das ratazanas canguru e da ratazana da madeira ribeirinha estão cobertas de pelo. A ratazana-do-mato é ativa principalmente durante o dia e a sua cauda é um pouco mais curta do que o comprimento combinado do corpo e da cabeça. A cauda da ratazana-canguru é visivelmente mais comprida do que o corpo e a cabeça juntos. As ratazanas-canguru são nocturnas, mas ao contrário das ratazanas da Noruega e das ratazanas de telhado, que se deslocam nas quatro patas, as ratazanas-canguru mantêm as patas dianteiras fora do chão e deslocam-se saltando nas patas traseiras.

Danos

As ratazanas roem os fios eléctricos, as estruturas de madeira e os frutos das árvores. Após a colheita, danificam a fruta nos contentores, mastigando-a e deixando excrementos. As ratazanas estão activas durante todo o ano, principalmente à noite.

Gestão

Reduzir os locais de abrigo e de nidificação das ratazanas. Eliminar os detritos e as pilhas de madeira. Armazenar os materiais de forma organizada e fora do solo. Desbastar e separar a vegetação não cultivada à volta dos pomares, sempre que possível.

Os iscos e as armadilhas de pressão do tamanho de ratos colocados nas árvores são as medidas de controlo mais eficazes. As ratazanas são cautelosas e tendem a evitar os iscos e as armadilhas durante pelo menos alguns dias após a sua colocação inicial. Fixe as armadilhas aos ramos e coloque-lhes iscos de frutos doces ou de nozes, mas só as coloque depois de o isco ser facilmente comido. Fixar os blocos de cera anticoagulante numa estação de isco antes de os colocar nas árvores em ramos a 1,5 m ou mais acima do solo. Colocar os blocos de cera numa estação de isco evitará que pedaços de cera anticoagulante caiam no chão e criem um perigo.

Tenha em atenção que certos tipos de iscos de dose única para ratos destinados a serem utilizados no interior de edifícios não estão rotulados para serem utilizados no exterior dos pomares; estes iscos são perigosos para a vida selvagem e não devem ser utilizados.

Caracol de jardim castanho

Snail

Nome científico: *Cantareus aspersus (= Helix aspersa)*

Descrição da praga

O caracol castanho de jardim tem cerca de 2,5 cm de diâmetro na maturidade e tem um padrão de cor castanho e cinzento distinto. É mais ativo durante a noite e de manhã cedo quando está húmido. No Egito, particularmente ao longo da costa, os caracóis jovens estão activos durante todo o ano; no

Delta, os caracóis castanhos de jardim estão activos principalmente no final do inverno e na primavera. Os caracóis maduros hibernam na camada superior do solo durante o inverno.

Os caracóis são bissexuais (hermafroditas); todos os caracóis em idade reprodutiva põem ovos até seis vezes durante uma estação, dependendo do clima local e da humidade disponível. Após o acasalamento, põem até 80 ovos por mês em depressões pouco profundas na camada superficial do solo. Os ovos são brancos, esféricos e têm cerca de 3 mm de diâmetro.

Danos

O caracol castanho de jardim pode causar danos extensos nos pomares, alimentando-se dos frutos maduros e em amadurecimento, das folhas das árvores jovens e, nos viveiros, alimentando-se da casca das árvores jovens. Os danos nos frutos aparecem como áreas circulares mastigadas na casca.

As folhas danificadas apresentam grandes áreas mastigadas ao longo das margens. Os caracóis podem causar problemas graves nos pomares de citrinos, onde o controlo das ervas daninhas no plantio direto e a irrigação por aspersão e de baixo volume criam um ambiente ideal para o desenvolvimento dos caracóis.

Gestão

A gestão do caracol castanho de jardim é um processo de várias etapas que envolve a poda das saias das árvores para dificultar o ataque dos caracóis aos frutos pendentes; a colocação de faixas nos troncos das árvores com folha de cobre ou com uma pasta básica de sulfato de cobre para evitar que os caracóis subam às árvores e a colocação de iscos envenenados ou a pulverização da folhagem para reduzir as suas populações. Alternativamente, os produtores podem libertar os caracóis predadores decollate, mas esta opção não deve ser empregue nos pomares onde se usam iscos venenosos, visto que os iscos matam tanto os caracóis praga como os predadores.

Controlo biológico

Embora nem sempre seja consistentemente eficaz, o caracol decollate, *Rumina decollata*, pode reduzir as populações de caracóis castanhos de jardim a níveis insignificantes em 4 a 10 anos. A maneira mais eficaz de controlar os caracóis castanhos de jardim, ao mesmo tempo que se estabelece o caracol decollata, é combinar a poda de saias e a colocação de faixas no tronco com a libertação de caracóis decollata. Os caracóis decolados não sobem às árvores, portanto não serão afectados pela poda ou pela colocação de faixas no tronco.

Para estabelecer o caracol-decolato, distribua cerca de 8 a 10 caracóis-decolato na zona de sombra da saia nordeste de cada uma das outras árvores em cada uma das outras filas. (Se se desejar um período de transição mais curto, liberte-se um maior número de caracóis por árvore). Se não houver caracóis suficientes para libertar a esta taxa, um segundo método consiste em reduzir os caracóis castanhos de jardim por remoção mecânica ou com um programa de isco envenenado. Liberte os caracóis decolados disponíveis num grupo de árvores centrais não tratadas. Depois de a colónia crescer, alguns dos caracóis podem ser transferidos para outras árvores do bosque. Providencie uma zona tampão não iscada de, pelo menos, duas filas de árvores entre a colónia em expansão e as áreas iscadas, caso contrário o caracol-de-colgate alimentar-se-á do isco venenoso e morrerá. Quando se estabelecem os caracóis decolados numa área central, forneça comida suplementar, como por exemplo pellets de coelho, e cobertura para eles se esconderem, como por exemplo sacos velhos de fertilizantes. A melhor altura para introduzir os caracóis decollate é quando está quente e húmido (de fevereiro a maio); este caracol sobreviverá bem em áreas quentes, mas evite introduzi-los durante a estação quente e seca, pois eles precisam de ter condições de solo húmido para se moverem eficazmente e para se estabelecerem.

A taxa de dispersão dos caracóis decolados depende da quantidade de humidade presente. A rega de baixo volume e a rega por aspersão são mais conducentes ao movimento e desenvolvimento dos caracóis. Podem ser desejáveis regas ligeiras suplementares durante o estabelecimento de uma colónia. É mais difícil estabelecer os caracóis em bosques que são irrigados por sulcos.

Para além da humidade, os factores que podem afetar a capacidade dos caracóis decolados para se estabelecerem num pomar são a quantidade de copa das árvores que sombreia o solo (as árvores mais velhas têm uma copa maior e, portanto, proporcionam um maior sombreamento) e a textura do solo (os solos arenosos grosseiros não só tendem a reter menos água do que os solos argilosos, mas também são menos preferidos pelos caracóis para escavar).

Controlo cultural

Podar as saias das árvores 24 a 30 polegadas acima do solo, antes da estação das chuvas e aplicar um tratamento de barreira do tronco. Os tratamentos de barreira do tronco podem ser feitos com uma faixa de folha de cobre enrolada à volta do tronco, que repele os caracóis durante vários anos; com uma aplicação anual de uma lama bordalesa que é pintada à volta do tronco; ou com uma aplicação de um material pegajoso que contém sulfato de cobre tribásico. O material pegajoso também reduz o acesso das formigas e do escaravelho da roseira.

Métodos organicamente aceitáveis

Poda de saias, colocação de faixas no tronco, libertação de caracóis decolados e utilização de patos.

Decisões de tratamento

Aplicar o isco apenas para reduzir as populações de caracóis a níveis baixos, antes da introdução do caracol descolado. Isque imediatamente a seguir a um período de irrigação ou de chuva, quando o solo está húmido e os caracóis estão activos. O período de espera antes que o caracol desfolhado possa ser libertado após um programa de isco depende da humidade do solo. No caso de rega por aspersão ou de baixo volume, as toxinas decompõem-se mais rapidamente do que num solo mais seco e um programa de libertação do caracol-decolado pode começar em cerca de 2 meses.

O isco é consumido mais facilmente pelos caracóis se for aplicado debaixo das árvores, mas a menos que os caracóis estejam expostos ao sol e a condições secas, o isco não será tão eficaz. Os caracóis movem-se muito mais em condições húmidas e molhadas do que em condições secas. Quando as condições são húmidas, coloque o isco numa faixa estreita no meio das entrelinhas; em condições mais secas, coloque o isco mais perto do solo que está humedecido pela rega.

Quando os caracóis estão presentes nas árvores, pode ser necessário um tratamento foliar.

Tabela (22): Compostos utilizados no controlo do caracol castanho de jardim.

Nome comum (designação comercial)	Montante a utilizar (tipo de cobertura)**	R.E.I. (horas)	P.H.I. (dias)
Faixas de cobre	10-20 kg / 100L	NA	NA
Sulfato de cobre	10-20 kg / 100L	24	quando seco
Metaldeído	10-20 kg /100L	12	0
Fosfato de ferro	10-20 kg / 100L	0	0
(Sluggo) G			
Aplicação foliar			
Fosmete (Imidan) 70W	0,5-1,5 kg/100L	3 dias	7

Ervas daninhas dos citrinos

As ervas daninhas nos pomares de citrinos competem com as árvores por nutrientes, água e luz. As infestantes também causam problemas ao contribuírem para os problemas de pragas de artrópodes, ao interferirem com as operações culturais e ao aumentarem o risco de geada. A concorrência das ervas daninhas é prejudicial para as árvores de citrinos quando são jovens, porque atrasa o crescimento das árvores e aumenta a sua suscetibilidade a danos provocados por insectos e doenças. As ervas daninhas à volta dos troncos das árvores podem criar um ambiente favorável para os agentes patogénicos que infectam o tronco e as raízes, bem como fornecer abrigo aos ratos do campo. No entanto, à medida que as árvores envelhecem, as copas das árvores sombreiam parte do solo do pomar e reduzem o crescimento de ervas daninhas. A competição das ervas daninhas com as árvores maduras pode ser mais grave nos pomares irrigados por gotejamento ou microaspersão, porque as raízes das árvores estão concentradas numa área mais pequena do que na irrigação por sulcos.

Sorghum halepense Cynodon dactylon

Problemas especiais de infestantes

Erva-doce amarela e roxa. A nogueira-amarela e a nogueira-roxa são semelhantes às gramíneas, mas têm folhas de secção transversal triangular, enquanto as folhas das gramíneas são redondas. As flores assemelham-se às das gramíneas. As flores da sebe amarela são de cor amarela, enquanto as flores da sebe roxa são roxas.

A nogueira-amarela e a nogueira-roxa distinguem-se facilmente uma da outra pela observação dos seus tubérculos. Os tubérculos da sebe amarela são quase redondos e um pouco lisos. Os tubérculos da sebe-roxa são oblongos e muito ásperos e escamosos. Os tubérculos da ouriça-roxa estão ligados entre si por rizomas (caules subterrâneos), enquanto os tubérculos da ouriça-amarela se encontram apenas nas extremidades dos rizomas. Os tubérculos de ambas as espécies têm três a sete gomos capazes de formar uma nova planta. As plantas de ouriço desenvolvem-se a partir de rebentos de um tubérculo; o rebento forma um bolbo logo abaixo da superfície do solo. As folhas crescem então a partir do bolbo basal.

As populações destas duas infestantes podem ser reduzidas por aplicações de glifosato na fase de cinco folhas ou antes. Se a pulverização for efectuada depois desta fase, a planta pode morrer, mas já formou novos tubérculos que podem formar novas plantas. O glifosato mata as folhas e o bolbo basal, mas o herbicida raramente desce até ao tubérculo em quantidades suficientes para o matar. Os três a sete gomos do tubérculo podem rebentar novamente, o que exige uma atenção cuidadosa para que a retirada do pomar seja efectuada antes da formação de novos tubérculos. Dado que a sebe roxa é capaz de brotar de tubérculos mais profundos no solo do que os da sebe amarela, não é tão bem controlada com MSMA.

Capim-joão. O capim-joão pode crescer a partir de sementes ou rizomas. A erva-joão é uma erva perene com caules erectos, geralmente sólidos, que crescem entre 2 e 8 pés de altura. As sementes têm uma tonalidade vermelha a púrpura e permanecem viáveis no solo durante pelo menos 5 anos. O Johnsongrass é controlado por lavouras repetidas durante os meses secos do verão. No entanto, o solo deve estar bastante seco; caso contrário, os rebentos do rizoma podem germinar.

Os rizomas com apenas 1 polegada de comprimento podem germinar se não perderem mais de 60% do seu peso inicial devido à secagem. Após a floração, as reservas são enviadas para as raízes, o que faz desta fase uma excelente fase de tratamento para reduzir a parte subterrânea da planta, utilizando um herbicida translocado como o glifosato.

Gestão das infestantes antes da plantação

A gestão das ervas daninhas começa antes da plantação do pomar. A preparação do local é uma parte importante do programa de gestão de ervas daninhas de um pomar. Na primavera, faça um levantamento das espécies de ervas daninhas presentes no local e, em seguida, elimine as ervas daninhas e nivele quaisquer irregularidades no terreno, especialmente quando planear a irrigação por sulcos.

As plantas perenes no local, como a erva-de-são-joão ou a erva-bermuda, são mais fáceis e menos dispendiosas de controlar antes de plantar as árvores. A erva-de-são-joão e a erva-bermuda já estabelecidas podem ser destruídas através de repetidos cortes no verão; os rizomas e os estolhos, que se encontram desidratados e expostos, desidratam-se. Ou, durante o início do outono, quando as plantas perenes ainda estão a florescer, trate com glifosato; repita o tratamento na primavera para matar o novo crescimento e descarte 2 a 3 semanas mais tarde para expor o sistema radicular à secagem.

Antes ou depois da plantação, normalmente na primavera, pode ser incorporado um herbicida pré-emergente em todo o terreno ou em faixas de 4 a 6 pés de largura onde as árvores são plantadas. Herbicidas como a trifluralina (Treflan), a orizalina (Surflan), o oxyfluorfen (Goal) e a napropamida (Devrinol) podem ser utilizados com segurança à volta das árvores jovens de citrinos. Uma aplicação pré-emergência controla normalmente as plântulas em germinação durante todo o verão.

Nos últimos anos, os programas de controlo de infestantes têm-se centrado frequentemente em métodos de segurança e na combinação de métodos para gerir todas as espécies de infestantes, o que é conhecido como: Programa Integrado de Controlo de Infestantes (IWC). Nos programas de controlo de infestantes para a sustentabilidade da agricultura, é necessário minimizar a utilização dos actuais herbicidas na produção agrícola através da utilização de alguns tratamentos culturais que foram experimentados com sucesso e que se revelaram métodos eficazes e seguros para controlar as infestantes (Zimgahl 1999; Hussein e Radwan 2002)

Utilização da combinação de alguns herbicidas, ou herbicidas a baixas taxas em combinação com alguns fertilizantes foliares (Stmufol) ou alguns macro, micro elementos (K + Zn), e alguns compostos naturais [ácido benzoico (B)], [benzil adenina (BA) e ureia], para proporcionar um ambiente limpo e métodos seguros de controlo de ervas daninhas.

A cobertura morta pode ser obtida utilizando folhas de plástico ou película de polietileno ou palha de arroz e outras partes de plantas, a cobertura morta tem um efeito potencial no controlo das ervas daninhas, excluindo a luz das partes fotossintéticas de uma planta e inibindo assim o crescimento superior. Constitui uma barreira eficaz contra o aparecimento de ervas daninhas. A cobertura morta é muito eficaz contra as ervas daninhas anuais e algumas ervas daninhas perenes como (*Cynodon dactylon,L.*), (*Sorghum halepense)* e (*Cyprus rotundus,L.*)

Os herbicidas naturais (aleloquímicos) foram descritos como herbicidas próprios das plantas ou métodos eficazes e seguros para controlar as ervas daninhas (Putnam *et al.*, 1999).

Recentemente, a manipulação genética de agentes biológicos de controlo de infestantes pode levar a uma maior utilização destes agentes para reduzir a população de infestantes e diminuir a nossa dependência de herbicidas químicos sintéticos (Waxman, 1998).

Referências

Abad-Moyano, R., Pina, T., Pérez-Panadés, J., Carbonell, E., Urbaneja, A. (2009). Eficácia de *Neoseiulus californicus* e *Phytoseiulus persimilis* na supressão de *Tetranychus urticae* em plantas jovens de clementina. Experimental and Applied Acarology, 47:49-61.

Abd EL-Hadi, M., El-Shafeey,E.,Ghorab,A.,Mohamed,B.(1998). Solarização do solo e pousio: Uma abordagem não química para a gestão de *Tylenchulus semipenetrans* que infectam o limoeiro. Egyptian Journal of Agronematology 2(2):275-290.

Abdelhafez, M.A., Hanna, M.A. (1975). Eficiência dos acaricidas em misturas com insecticidas no controlo das populações de ácaros dos citrinos. In: Attiah, H.H. e Wahba, M.L. População do ácaro da ferrugem *Phyllocoptruta oleivora* Ashmead influenciada por compostos de fósforo. Agricultural Research Review 53(1) 173-179.

Abdel-Hak, T., Sirry, A.R., Ashour, W.E., El-Bigawi, S.A. (1973). Estudos sobre doenças radiculares do arroz causadas por *Sclerotium rolfsii* e *Fusarium moniliforme*. Agricultural Research Review 51(3), 79-97.

Abdel-Razek, A. S. (2010). Avaliação de campo de simbiontes bacterianos de nemátodos entomopatogénicos para a supressão da população do escaravelho da rosa peluda, *Tropinota squalida* Scop., (Coleoptera: Scarabaeidae) na couve-flor no Egito. Archives of Phytopathology and Plant Protection, 43, (1) 18 - 25.

Abdelzaher, H.M.A., Elnaghy, M.A., Fadl-Allah, E.M. (1997). Isolamento de *Pythium oligandrum* do solo egípcio e seu efeito micoparasitário sobre *Pythium ultimum* var. *ultimum*, o organismo de amortecimento do trigo. Mycopathologia 139(2) 97-106.

Abdul-Magid, S.A. (1980). Observações sobre a dinâmica populacional do nemátodo dos citrinos, *Tylenchulus semipenetrans*, na província de Sharkia, Egito. Egyptian Journal of Phytopathology 12(1-2) 31-34.

Abuel-Ela, R.G., Hashem, A.G., Mohamed, S.M.A. (1998). *Bactrocera pallidus* (Perkin e May) (Diptera: Tephritidae), um novo registo no Egito. Journal of the Egyptian German Society of Zoology (Entomology), 27, 221 - 229.

Afifi, A. I., **El Arnaouty** ,S. A., **Angel R. A** ., **Asmaa EL-Metwally Abd Alla**. **(2010).** Controlo biológico da cochonilha dos citrinos, *Planococcus citri* (Risso.) utilizando o predador coccinelídeo, *Cryptolaemus montrouzieri* Muls. Pak. J. Biol. Sci., 13: 216-222.

Ahmed, N. H. , Abd-Rabou ,S. M.(2010). Plantas hospedeiras, distribuição geográfica, inimigos naturais e estudos biológicos da cochonilha dos citrinos, *Planococcus citri* (Risso) (Hemiptera:

Pseudococcidae).Egito. Revista académica de ciências biológicas, 3 (1): 39- 47.

Albrigo, L.G., McCoy, C.W. (1974). Lesões caraterísticas do ácaro da ferrugem dos citrinos nas folhas e frutos da laranjeira. Actas da Sociedade de Horticultura do Estado da Florida 87, 48-55.

Allen, J.C. (1978). O efeito dos danos causados pelos ácaros da ferrugem dos citrinos na queda de frutos de citrinos. Journal of Economic Entomology 71, 746-750.

Alves, B., Marco A., Rossi, L., Castiglioni, E.(2005). Patogenicidade *de Beauveria bassiana* para o ácaro da ferrugem dos citrinos *Phyllocoptruta oleivora.* Experimental and Applied Acarology 37:117-122.

Amin, A.W., El-Shafeey,E.I.(1998). Efeito de certas alterações orgânicas do solo e nematicidas no nemátodo dos citrinos *Tylenchulus semipenetrans* que infecta a laranjeira. Sociedade Egípcia de Agronematologia, 2:245-256.

Amin, A.H., Emam, A.K. , Helmi, A.A. (1997). Novo registo de uma espécie de mosca branca do género *Aleurotuberculatus* (Homoptera: Aleyrodidae) em árvores de citrinos no Egito. Mededelingen Faculteit Landbouwkundige en Toegepaste Biologische Wetenschappen, Universiteit Gent 62(2a) 349354.

Anónimo (2000). Lista de pragas dos citrinos no Egito. Administração Central de Quarentena Vegetal, Ministério da Agricultura e da Recuperação de Terras, Egito (31 de maio de 2000).

Anon. (2001). Australian Citrus Growers Incorporated 53rd Relatório Anual 2000-2001.

Attia, A.A. ,El-Kady, E.A. (1986). A abundância sazonal de *Aphis citricola* V.D. Goot em certas árvores de fruto. Bulletin de la Societe Entomologique d'Egypte 66, 279-283.

Attiah, H.H., Soliman, A.A. , Wahba, M.L. (1973a). Sobre a biologia de *Brevipalpus californicus* Banks. In: Daniel, M. e Rosicky, B. (eds). *Proceedings of the 3rd International Congress of Acarology held in Prague August 31 - September 6, 1971.* (Praga, Checoslováquia: Academia; Haia, Países Baixos: Dr. W. Junk B.V.), pp. 187-191.

Attiah, H.H., Wahba, M.L. , Kodirah, S.M. (1973b). Chlorobenzilate, um acaricida de largo espetro contra os ácaros dos citrinos. In: Daniel, M. e Rosicky, B. (eds). *Actas do 3rd Congresso Internacional de Acarologia realizado em Praga de 31 de agosto a 6 de setembro de 1971.* (Praga, Checoslováquia: Academia; Haia, Países Baixos: Dr. W. Junk B.V.), pp. 639-643.

Atwa, W.A., Abdel-Ali, H.E. , Afify, E.A. (1987). Influência das espécies de plantas hospedeiras na biologia de *Eutetranychus anneckei* Mayer e *Tetranychus urticae* Koch (Acari: Tetranychidae). Anais de Ciências Agrícolas, Universidade Ain Shams (Cairo) 32(1), 799-809.

Badawy A. (1967). A morfologia e biologia de *Phyllocnistis citrella* Staint, um mineiro de folhas de citrinos no Sudão. Boletim da Sociedade Entomológica do Egito 51: 95-103.

Badra, T., Shafiee, M.F. (1979). Efeitos da fonte e da taxa de azoto no crescimento de plântulas de lima e no controlo de *Tylenchulus semipenetrans*. Nematologia Mediterranea 7(2), 191-194.

Beardsley, J.W. (1966). Insectos da Micronésia. Homoptera: Coccoidea. Volume 6, n.º 7. (Honolulu, Havai, EUA: Museu Bernice P. Bishop), 562 pp.

Beattie, A., Hardy S. (2004). Citrus leafminer. Department of Primary Industries, Industry&Investment New South Wales.

http://www.dpi.nsw.gov.au/ data/assets/pdf file/0006/137634/citrus- Ieafminerpdf (5 de abril de 2010).

Beattie, G.A.C.(1989). Citrus leaf miner. NSW Agricultura e Pescas, Agfact, H2. AE: 41-46.

Ben-Dov, Y. (1993). A Systematic Catalogue of the Soft Scale Insects of the World (Homoptera: Coccoidea: Coccidae) with Data on Geographical Distribution, Host Plants, Biology and Economic Importance. Flora and Fauna Handbook No. 9. (Gainesville, Florida USA: Sandhill Crane Press), 536 pp.

Besheli, B.(2006) Avaliação da toxicidade dos pesticidas avant, buprofezin e pyriproxifen contra *Phyllocnistis citrella* Stainton (Lepidoptera: Gracillariidae). Jornal Paquistanês de Ciências Biológicas, 13:2483-2487.

Blackman, R.L., Eastop, V.F. (1984). Aphids on the World's Crops: An Identification and Information Guide. (John Wiley & Sons: Chichester, UK), 466 pp.

Bodenheimer, F.S. (1931). Citrus entomology in the Middle East. (Haia, Países Baixos: W. Junk), 663 pp.

Brown, G.E., Chambers, C. (2000).O controlo do bolor verde dos citrinos com Aspire é influenciado pelo tipo de lesão. Postharvest Biology and Technology 18 : 57-65.

Browning, H.W., Childers, C.C., Stansly, P.A., Pe<.·a, J., Rogers, M.E.(2006). Guia de manejo de pragas de citros da Flórida: Insectos de corpo mole que atacam a folhagem e os frutos. Universidade da Flórida/IFAS, Gainesville FL. http:// edis.ifas.uX.edu/CG004.

CAB International (2000). Compêndio de Proteção das Culturas - Módulo Global (Segunda edição). (Wallingford, Reino Unido: CAB International).

CABI/EPPO .(1997). *Ceratitis capitata*. In: Smith, I.M., McNamara, D.G., Scott, P.R. e Holderness, M. (eds). *Quarantine Pests for Europe* (Segunda edição). Fichas de dados sobre pragas de quarentena para as Comunidades Europeias e para a Organização Europeia e Mediterrânica de Proteção das

Plantas. (Wallingford, Reino Unido: CAB International/EPPO), pp. 146-152.

Caltagirone, L.E., Doutt, R.L.(1989). A história da importação do escaravelho Vedalia para a Califórnia e o seu impacto no desenvolvimento do controlo biológico. Annu. Rev. Entomol. 34, 1-16.

Chiu, S.C. (1985). Controlo biológico de pragas de citrinos em Taiwan. Instituto de Investigação Agrícola de Taiwan, Relatório Especial 19: 1-8.

CIE (Instituto de Entomologia da Commonwealth) (1961). *Heliothrips haemorrhoidalis* (Bch.). Distribution Maps of Pests, Series A (Agricultural), Map No. 135. (Londres, Reino Unido: Commonwealth Agricultural Bureaux), 2 pp.

CIE (Commonwealth Institute of Entomology) (1964a). *Lepidosaphes beckii* (Newm.). Distribution Maps of Plant Pests, Series A (Agricultural), Map No. 49 (revised). (Londres, Reino Unido: Commonwealth Agricultural Bureaux), 2 pp.

CIE (Commonwealth Institute of Entomology) (1964c). *Parlatoria ziziphus* (Lucas). Mapas de Distribuição de Pragas, Série A (Agrícola), Mapa No. 186. (Londres, Reino Unido: Commonwealth Agricultural Bureaux), 2 pp.

CIE (Instituto de Entomologia da Commonwealth) (1968). *Aphis gossypii* Glover. Distribution Maps of Pests, Series A (Agricultural), Map No. 18. (Londres, Reino Unido: Commonwealth Agricultural Bureaux), 3 pp.

CIE (Instituto de Entomologia da Commonwealth) (1979). *Myzus persicae* (Sulz.). Distribution Maps of Pests, Series A (Agricultural), Map No. 45 (revised). (Londres, Reino Unido: Commonwealth Agricultural Bureaux), 3 pp.

CIE (Commonwealth Institute of Entomology) (1982a). *Ceroplastes floridensis* (Comst.). Distribution Maps of Pests, Series A (Agricultural), Map No. 440. (Londres, Reino Unido: Commonwealth Agricultural Bureaux), 2 pp.

CIE (Commonwealth Institute of Entomology) (1982b). *Prays citri* (Mill.). Distribution Maps of Pests, Series A (Agricultural), Map No. 443. (Londres, Reino Unido: Commonwealth Agricultural Bureaux), 2 pp.

CIE (Instituto de Entomologia da Commonwealth) (1983). *Aphis craccivora* Koch. Distribution Maps of Pests, Series A (Agricultural), Map No. 99 (revised). (Londres, Reino Unido: Commonwealth Agricultural Bureaux), 2 pp.

Clausen, C.P. (1927). Os insectos dos citrinos do Japão. USDA, Washington, D.C. Boletim Técnico 15: 1-15.

Clausen, C.P. (1933). Os insectos dos citrinos da Ásia tropical. USDA, Washington, D.C. Circular 266: 1-35.

Clausen, S.P. (1931). Dois minadores de folhas de citrinos do Extremo Oriente. USDA, Washington, D.C. Boletim Técnico 252: 1-13.

CMI (Commonwealth Mycological Institute) (1978). *Pythium aphanidermatum* (Edson) Fitzp. Distribution Maps of Plant Diseases, Map No. 309 (edição 3, revista). (Reino Unido: Commonwealth Agricultural Bureaux), 2 pp.

CMI (Commonwealth Mycological Institute) (1985). *Botryodiplodia theobromae* Pat. Distribution Maps of Plant Diseases, Map No. 561 (edição 1). (Reino Unido: Commonwealth Agricultural Bureaux), 3 pp.

CMI (Commonwealth Mycological Institute) (1986). *Pythium irregulare* Buisman. Distribution Maps of Plant Diseases, Map No. 206 (edição 4). (Reino Unido: Commonwealth Agricultural Bureaux), 2 pp.

Correia, A.R., Rego, J.M. , Olmi, M. (2008). Uma praga de grande importância económica detectada pela primeira vez em Moçambique: *Bactrocera invadens* Drew, Tsuruta & White (Diptera: Tephritidae: Dacinae). Bollettino di Zoologia Agraria e di Bachicoltura, ser II, 40 , 9-13.

Cutuli, G., Di martino e., Logiudice, V. , Terranova, G.(1985). Trattato di Agrumicoltura. Edagricole, Bolonha, 226 pp.

Dimetry, N., Hussein, H. M., Zidan, Z., Iss-hak, R. R. , Sehnal, F. (2005). Efeitos de reguladores de crescimento de insectos no escaravelho da rosa peluda,

Tropinota squalida (Col., Scarabeidae). Journal of Applied Entomology, 129: 142-148.

Ebeling, W.(1950). Subtropical Entomology. Lithotype Process Co., São Francisco. 747 pp.

Ebeling, W.(1959). Subtropical Fruit Pests. Divisão de Ciências Agrícolas da Universidade da Califórnia, Los Angeles. 436 pp.

Efflatoun, H.C. (1924). Monografia dos Dípteros do Egito, parte II, Fam. Trypaneidae. Mémoires de la société entomologique de l'Egypte 2, 1-132.

El-Alfy, N.Z., Al-Ali, K.A. , Abdel-Rahim, A.H. (1994). Cariótipo, meiose e formação de esperma no caracol terrestre *Macrochlamys indica*. Qatar University Science Journal 14(1), 122-128.

El-Azouni, M.M., El-Shehedi, A.A., Abo-Rehab, M.K. (1969). Estudos morfológicos comparativos em seis isolados de *Rhizoctonia* de plântulas de citrinos. Boletim da Faculdade de Agricultura, Universidade do Cairo 20(1), 231-244.

El-Banhawy, E.M., El-Borolossy, M.A., El-Sawaf, B.M., Afia, S.I. (1997). Aspectos biológicos e comportamento alimentar do ácaro predador do solo *Nenteria hypotrichus* (Uropodina: Uropodidae). Acarologia **38**(4), 357360.

El-Bolok, M.M., Sweilem, S.M. , Abdel Aleem, R.Y. (1984a). Variações sazonais na população de *Parlatoria ziziphus* (Lucas) na região de Gizé. Bulletin de la Societe Entomologique d'Egypte 65, 281-288.

El-Bolok, M.M., Sweilem, S.M. , Abdel Aleem, R.Y. (1984b). Efeito de diferentes árvores, diferentes direcções cardeais, núcleo da árvore e superfície foliar na distribuição de *Parlatoria ziziphus* (Lucas) em correlação com as estações do ano. Bulletin de la Societe Entomologique d'Egypte 65, 289-299.

El-Dessouki, S.A., El-Awady, S.M. , Abo-Sheaesha, M.A. (1989). Distribuição vertical e horizontal das larvas *de Prays citri* Mill. em limoeiros (Lepidoptera-Hyponomeutidae). Bulletin de la Societe Entomologique d'Egypte 68, 131-140.

El-Hemaesy, A.H. (1976). Breve nota sobre a térmita subterrânea do deserto, *Amitermes desertorum* (Desneux), que ataca e danifica árvores vivas no Alto Egito. Agricultural Research Review 54(1), 193-195.

El-Kady, E.A., Attia, A.A. (1986). Um novo registo do pulgão verde dos citrinos *Aphis citricola* v.d. Goot em macieiras e citrinos no Egito. Bulletin de la Societe Entomologiques d' Egypt 66, 189-195.

El-Kassas, M.A., Abdel-Rahim, A.H., Bashandy, M.A. , Abd-Allah, A.T. (1993). Refletividade de morfos com e sem bandas do caracol do deserto *Eremina desertorum* e do caracol semidesértico *Xerophila icmalea.* Journal of the Egyptian German Society of Zoology 10(D), 219-229.

Ellis, M.B. (1971). Dematiaceous Hyphomycetes. International Mycological Papers 26, 1-30.

El-Miniawi, S.F. , Ezzat, M.A. (1970). Estimativa da população de indivíduos selvagens da mosca-mediterrânica, *Ceratitis capitata* (Wied.), para a inundação de pomares infestados por moscas esterilizadas por radiação gama Co60. Agricultural Research Review 48(1), 86-91.

El-Minshawy, A. M., Saad, A. H. , Hammad , S. M. (2009). Eficácia do inimigo natural *Scutellista cyanea* Motsch. (Hym., Pteromalidae) em *Saissetia coffeae* Wlk., *S. oleae* (Bern.) e *Ceroplastes floridensis* Comst. (Hom.: Coccidae). Zeitschrift für Angewandte Entomologie 85 (1-4) 31 - 37.

El-Nagar, S., Ismail, I.I. ,Attia, A.A. (1985). Abundância sazonal de *Aphis gossypii* Glover em certas árvores de fruto. Bulletin de la Societe Entomologique d'Egypte 65, 27-32.

El-Saadany, G. , Goma, A. (1974). Distribuição e abundância de *Icerya purchasi* Mask. em *Stercholia diversifolia* no Egito. Zeitschrift fur Angewandte Entomologie 77(1), 73-77.

El-Sherif, M. (2010). Problemas com nemátodos das plantas e seu controlo na região do Próximo Oriente. Relatório para o Repositório de Documentos Corporativos da FAO, produzido por: Agricultura e Proteção do Consumidor em 2010.

El-Zawahry, A.M., El-Morsi, M.A. , Abd-Elrazik, A.A. (2000). Ocorrência de doenças fúngicas em tamareiras e rebentos na província de New Valley e seu controlo biológico. Assiut Journal of Agricultural Sciences 31(3), 189-212.

El-Zayat, M.M., El-Tobshy, Z.M., Abo-Elata, U., Harfoush, D. , Sayed, M.K. (1983). *Alternaria citri* e queda de frutos de junho na laranja de umbigo. Agricultural Research Review 61(2), 1-18.

Essawy, E. (1993). A organização neural dos gânglios pedonais emparelhados do caracol do deserto *Eremina ehrenbergi*. Journal of the Egyptian German Society of Zoology 10(D), 193-208.

FAOSTAT (2008). Divisão de Estatísticas da FAO 2008.

Fasulo, T.R., Brooks, R.F. (1997). Pragas de mosca branca dos citrinos. Universidade da Florida, Departamento de Entomologia e Nematologia, Serviço de Extensão Cooperativa da Florida, Instituto de Ciências Alimentares e Agrícolas, Fact Sheet ENY-815.

Fletcher TB(1920). Histórias de vida de insectos indianos. Microlepidoptera. Memorando do Departamento de Agricultura, Índia 6: 1-217.

Furness, G.O., Buchanan ,G.A., George ,R.S. , Richardson ,N.L.(1983).A history of the biological and integrated control of red scale, *aonidiella aurantii* on citrus in the lower murray valley of Australia . Entomophaga 28 (3), 199-212.

Grafton-Cardwell E, Montez, G. (2009). Lagarta dos citrinos, *Phyllocnistis citrella* Stainton (Lepidoptera: Gracillariidae). Citrus Entomology, Universidade da Califórnia http://citrusent.uckac.edu/leafminer.htm (5 de abril de 2010).

Grafton-Cardwell, E. E., Hoy, M. A. (1985). Short-term effects of permethrin and fenvalerate on oviposition by *Chrysoperla carnea* (Neuroptera: Chrysopidae). Journal of Economic Entomology, 78, 955-959.

Habib, A., Salama , H. S. , Amin, A. H. (2009). Estudos populacionais sobre insectos de escamas que infestam árvores de citrinos no Egito. Zeitschrift für Angewandte Entomologie , 69 (1-4): 318 - 330.

Hafez, M. B.(2009) . Flutuações populacionais em parasitas da cochonilha vermelha da Califórnia, *Aonidiella aurantii* (Mask.) (Hom., Diaspidae) em Alexandria. Journal of Applied Entomology, 106 (1): 183 - 187.

Hall, W.J. (1924). As pragas de insectos dos citrinos no Egito. Ministério da Agricultura do Egito,

Boletim Técnico Científico 45, 56 pp.

Hammon, A. B., M. L. Williams. (1984). The Soft Scale Insects of Florida (Homoptera: Coccidea) *in* Arthropods of Florida and Neighboring Land Areas Vol. 11. Flórida. Dept. Agric. Consumer Serv., Gainesville, FL.

Hassan, S. A. (1985). Standard methods to test the side-effects of pesticides on natural enemies of insects and mites developed by the IOBC/ WPRS Working Group Pesticides and Beneficial Organisms. Boletim da OEPP, 15, 214-255.

Hashem, A.G. , El-Halawany, M.E. (1996). Egito. In: Morse, J.G., Luck, R.F. e Gumpf, D.J. (eds). Citrus pest problems and their control in the Near East. FAO Plant Production and Protection Paper 135, 25-42.

Hashem, A.G., Saafan, M.H. , Harris, E.J. (1987). Ecologia populacional da mosca mediterrânica da fruta na zona recuperada do deserto ocidental do Egito (sector sul de Tahrir). Anais de Ciências Agrícolas, Universidade Ain Shams (Cairo) 32(3), 1803-1811.

Helal, E.M., Donia, A.R., El Hamid, M.M.A., Zakzouk, E.A. ,Webster, A.D. (2000). Abundância de espécies de insectos e ácaros em alguns pomares de citrinos. Ata Horticulturae 525, 443-453.

Hendrichs, J., Frantz, G., Rendon, P., (1995). Aumento da eficácia e da aplicabilidade da técnica de insectos estéreis através da libertação apenas de machos para o controlo da mosca da fruta do Mediterrâneo durante as épocas de frutificação. Journal of Applied Entomology, 5: 371 - 377.

Hill, D. S. (1983). *Ceratitis capitata* (Wied.) pp. 386. Em Agricultural Insect Pests of the Tropics and Their Control, 2nd Edition. Cambridge University Press. 746 páginas.

Homam ,H.B., Mohamed ,M.A.(2006). Eficiência de armadilhas com iscos odoríferos para o controlo da roseira-brava (*Tropinota squalida* Scop.). Nono Congresso Árabe de Proteção das Plantas, 19-23 de novembro de 2006, Damasco, Síria, pp.225.

Hussein, H.F. (2001). Estimativa do período crítico de competição entre culturas e ervas daninhas e remoção de nutrientes por ervas daninhas na cebola (*Allium cepa* L.) em solo arenoso. Egyp. J. Agron. Vol. 24 .

Hussein, H.F. e S.M. Radwan (2002). Fertilização bio-orgânica de batata sob coberturas plásticas em relação à qualidade da produção e às ervas daninhas associadas. Arab Univ. J. Agric. Sci., Ain Shams Univ., Cairo, 10 (1): 287 - 309.

Ibrahim, S.S., Shahateh, W.A. (1984). Estudos biológicos sobre a traça das flores dos citrinos *Prays citri* Miller no Egito. Jornal Árabe de Proteção das Plantas 2(4), 49.

IIE (Instituto Internacional de Entomologia) (1992). *Parabemisia myricae* (Kuwana). Distribution

Maps of Pests, Series A, Map No. 479 (1st revision). (Londres, Reino Unido: CAB International), 2 pp.

Ismail, I.I., El-Nagar, S. , Attia, A.A. (1986). A fauna de afídeos das árvores de fruto no Egito. Jornal Africano de Ciências Agrícolas 13(1-2), 1-7.

Isshak, Y.M., Rizk, S.S., Khalil, R.I. , Fahmi, B.A. (1974). Armazenamento a longo prazo de laranja Valência tratada com tiabendazol. Agricultural Research Review 52(3), 85-98.

Jeppson, L.R. (1989). Biologia dos insectos, ácaros e moluscos dos citrinos. In: Reuther, W., Calavan, E.C. e Carmen, G.E. (eds). A Indústria dos Citrinos. Volume V. Proteção das culturas, tecnologia pós-colheita e início da história da investigação sobre citrinos na Califórnia. (Califórnia, EUA: Divisão de Recursos Naturais da Universidade da Califórnia), pp. 1-87.

Jones J. (2001). Citrus leafminer. Site de informação sobre culturas do Arizona. http://ag.arizona.edu/crops/crops.html (5 de abril de 2010).

Kale, P.N., Adsule, P.G.(1995). Citrinos. In: Salunkhe, D.K., Kadam, S.S. (Eds.), Handbook of Fruit Science and Technology: Production, Composition, Storage, and Processing. Marcel Dekker, Inc., Nova Iorque, NY, EUA, pp. 39-65.

Kalshoven, L.G. , Laan, P.A. (1981). Pests of crops in Indonesia (revisto). (Jakarta, Indonésia: Ichtiar Baru), 701 pp.

Kandeel, M.M.H., El-Halawany, M.E. (1986). Uma nova espécie de ácaro, *Amblyseius aegyptocitri* n. sp. (Acari: Phytoseiidae) no Egito. Bulletin de la Societe Entomologique d'Egypte 66, 1-4.

Kandeel, M.M.H., Nassar, O.A. (1986). Observações de campo sobre os ácaros predadores de pragas de citrinos, juntamente com uma chave para as espécies egípcias (Acari). Bulletin de la Societe Entomologique d'Egypte 66, 169-176.

Kannan, M., Uthamasamy, S. , Mohan ,S. (2004) . Impacto dos insecticidas nas pragas sugadoras e no complexo de inimigos naturais do algodão transgénico. Current Science, 86, 5:726-729.

Kinay, P., Mehmet, Y.(2008). O prazo de validade e a eficácia de formulações granulares de isolados de leveduras *Metschnikowia pulcherrima* e *Pichia guilliermondii* que controlam a podridão pós-colheita de citrinos. Controlo Biológico 45 : 433-440.

Korayem, A.M., Abd l-Naby,S.K.M.(2005). Efeito de algumas medidas agrícolas e químicas na produtividade das laranjeiras Navel infestadas com *Tylenchulus semipenetrans* no Egito. Jornal Internacional de Nematologia ,1: 65-72.

Korayem, A.M.,Hassabo, S.A.(2005). Rendimento dos citrinos em relação a *Tylenchulus semipenetrans* em solo franco-siltoso. International Journal of Nematology ,2: 179-182.

Kutinkova , H. , Radoslav , A. (2004). Gestão integrada de pragas em pomares de cereja doce (*Prunus avium* L.) na Bulgária. Jounal Fruit and Ornamental Plant Research 12 : 41-47.

Latif ,A., Yunus, C.M. (1951). Plantas alimentares do minador de folhas de citrinos no Punjab. Boletim de Investigação Entomológica 42: 311-316.

Leelasuphakul, W., Punpen, H., Samerchai, C. (2008). Propriedades inibidoras do crescimento de estirpes *de Bacillus subtilis* e dos seus metabolitos contra o agente patogénico do bolor verde (*Penicillium digitatum* Sacc.) dos citrinos. Biologia e Tecnologia Pós-colheita 48 : 113-121.

Lewis, T.(1997). Pragas de tripes em perspetiva. In: Lewis T, editor.*Thrips as Crop Pests,* pp. 1-13. CAB International. Wallingford.

Liotta, G. , Mineo, G. (1963). Osservazioni sulla biologia del *Prays citri* Mill. in Sicilia. *Bollettino 1st di Entomologia Agraria e dell'Osservatorio di Fitopatologia di Palermo* 5, 75-104. Liquido, N.J., Cunningham, R.T. , Nakagawa, S. (1990). Plantas hospedeiras da mosca da fruta do Mediterrâneo (Diptera: Tephritidae) na ilha do Havai (inquérito de 1949-1985). Journal of Economic Entomology 83(5), 1863-1878.

Lokc, C. (1988). As ilustrações das pragas de insectos dos citrinos e dos seus inimigos naturais em Taiwan. Instituto de Investigação Agrícola de Taichung Taiwan 75 p.

Luis, G., José, L., Enrique, T.(2010). Biocontrolo do bolor azul pós-colheita (Penicillium italicum Wehmer) em lima mexicana por isolados marinhos e cítricos *de Debaryomyces hansenii*. Postharvest Biology and Technology 56 : 181-187.

Marjorie ,A. H.(2000). The David Rosen lecture: biological control in citrus. Proteção das culturas 19 : 657-664.

McCoy, C.W., Davis, P.L. , Munroe, K.A. (1976). Efeito da lesão tardia dos frutos pelo ácaro da ferrugem dos citrinos, *Phyllocoptruta oleivora* (Prostigmata: Eriophyoidea), na qualidade interna da laranja Valência. Florida Entomologist 59(4), 403-410.

McDonald, P.T. , McInnis, P.O. (1985). *Ceratitis capitata*: Efeito do tamanho do fruto hospedeiro no número de ovos por ninhada. Entomologia Experimentalis et Applicata 37, 207-213.

Mendonça, T.R., Martins, F.M. , Lavadinho, M.P. (1997). Padrão de voo da traça dos citrinos *Prays citri* (Millière) (Lepidoptera, Yponomeutidae) num pomar de limoeiros em Mafra e evolução da intensidade de ataque. Boletin de Sanidad Vegetal Plagas 23(3), 479-483.

Metwally,S.(1999). Effect of planting date and certain weather factors on the population fluxions of three insect pest infesting kidney beans in Qualyobia Governorate. Egypt Journal Agricultural Research,77(1):139- 149.

Mineo, G. (1967). Notas sobre o comportamento de *Prays citri* Mill. (Lep.- Hyponomeutidae). Bollettino dell'Istituto di Entomologia Agraria e dell'Osservatorio di Fitopatologia di Palermo 7, 277-282. (Em italiano).

Mineo, G., Mirabello, E., Busto, T., Viggiani, G. (1980). Capturas de adultos de *Prays citri* Mill. (Lep. Plutellidae) com armadilhas com feromonas e evolução das infestações em limoeiros no leste da Sicília. Bollettino del Laboratorio di Entomologia Agraria "Filippo Silvestri", Portici 37, 177-197.

Mineo, G., Sciacchitano, M.A. , Sinacori, A. (1991). Observações sobre a fenologia dos estágios pré-imaginais de *Prays citri* Mill. (Lep. Hyponomeutidae). Redia 74(1), 225-232.

Minessy, F.A., El-Azab, E.M. , Abdel-Rahim, M.A. (1974). Efeito da infeção fúngica sobre o estado nutricional de mudas de laranja azeda e tangerina Cleópatra. *I Congresso Mundial de Citricultura, 1973. Volume 1.* (Murcia, Espanha: Ministerio de Agricultura), pp. 109-112.

Moawad, H., Salem, S.H., Badr El-Din, S.M.S., Khater, T. , Iskandar, M. (1986). Leveduras em solos do Egito. Zentralblatt fur Mikrobiologie 141(6), 431-435.

Mohamed, S.A., Ekesi, S. , Hanna, R. (2008). Avaliação do impacto de *Dachasmimorpha longicaudata* em *Bactrocera invadens* e cinco espécies de moscas da fruta africanas. Jornal de Entomologia Aplicada, 132, 789-797.

Mohamed, S.M.A. (2001). Eficiência de diferentes combinações de armadilhas para detetar e monitorizar a mosca da fruta do pêssego *Bactrocera zonata* (Saunders) no Egito. Revista Egípcia de Ciências Aplicadas, 16, 315-334.

Mohamed, S.M.A. (2004). Competição entre a mosca da fruta do Mediterrâneo e a mosca da fruta do pêssego na infestação de frutos. Jornal da Sociedade Alemã Egípcia de Zoologia (Entomologia), 43, 17-23.

Mohamed, S.M.A. , El-Wakkad, M.F. (2003). O papel dos sacos mortíferos na redução da mosca da fruta do pêssego em pomares hortícolas. Jornal da Sociedade Alemã Egípcia de Zoologia (Entomologia), 42, 11-19.

Mohammad, M.A. , Abdulla, S.A. (1988). Estudo sobre o efeito do pulgão do feijão preto *Aphis fabae* Scop. (Homoptera, Aphididae) no rendimento verde e seco das favas na região de Mosul. Mesopotamia Journal of Agriculture 20(2), 293-300.

Moharram, A.M., Abdel Mallek, A.Y. , Abdel Hafez, A.I.I. (1989).

Mycoflora de sementes de anis e funcho no Egito. Jornal de Microbiologia Básica 29(7), 427-435.

Moreno, R. , Garijo, C. (1978). Controlo químico da traça dos citrinos (*Prays citri* Mill.) (Lepidoptera, Hyponomeutidae): Análise dos principais factores indutores da intervenção química. I.

Estimativa da densidade floral média dos limoeiros e da proporção de ataques ao nível das árvores. Boletin del Servicio de Defensa contra Plagas e Inspeccion Fitopatologica 4(1), 51-63.

Moubasher, A.H., Elnaghy, M.A. , Abdel-Hafez, S.I. (1972). Estudos sobre a flora fúngica de três cereais no Egito. Mycopathologia et Mycologia Applicata 47(3), 261-274.

Moustafa ,S. A.(2009). Resposta da mosca da fruta do Mediterrâneo, *Ceratitis capitata* (Wied.) e da mosca da fruta do pêssego, *Bactrocera zonata* (Saund.) a alguns atractivos alimentares. Egito. Academic Journal biology Science 2 (2): 111-118.

Muma, M.H., Zaher, M.A., Soliman, Z.R., El-Bishlawy, S.M. (1975). Hábitos de alimentação do ácaro predador, *Cunaxa capreolus* (Acarina: Cunaxidae). Entomophaga 20(2), 209-212.

Mwatawala, M., De Meyer, M., Makundi R. & Maerere, A. (2009). Gama de hospedeiros e distribuição de moscas da fruta pestilentas infestantes de frutos (Diptera, Tephritidae) em áreas selecionadas da Tanzânia Central. Boletim de Investigação Entomológica , 99, 629-641.

Nada, S.M.A. (1989). Três espécies de Aleyrodidae novas no Egito (Aleyrodidae: Homoptera). Bulletin de la Societe Entomologique d'Egypte 68, 55-59.

Nagamine, W.T., Heu, R.A. (2003). Lagarta dos citrinos, *Phyllocnistis citrella* Stainton. http://hawaii.gov/hdoa/pi/ppc/npa-1/npa00-01-climiner2.pdf (5 de abril de 2010).

Nakahara, L.M. (1983). *Aleurothrixus floccosus* (Maskell). Actas da Sociedade Entomológica Havaiana 22(2-3), 185.

Nakla, J.M., Rizk, M.A. , Tadros, A.W. (1995). Preferência do hospedeiro por caracóis terrestres, indicada por células vegetais nos seus excrementos. Egyptian Journal of Agricultural Research 73(1), 95-110.

Nakla, J.M., Tadros, A.W. , Hashem, A.G. (1997). Efeito dos fertilizantes na redução da população de caracóis terrestres em pomares de citrinos. Anais da Ciência Agrícola (Cairo) 42(1), 353-360.

Nallathambi ,P., Umamaheswari C. ,Thakore B ., More ,T. (2009). Gestão pós-colheita da podridão da fruta da baga (*Ziziphus mauritiana* Lamk) (*Alternaria alternata* Fr. Keissler) utilizando espécies de *Trichoderma*, fungicidas e as suas combinações. Proteção das Culturas 28 : 525-532.

Nasr, A.K. , Abou-Awad, B.A. (1987). Descrição de alguns ácaros ascídeos do Egito (Acari: Ascidae). Acarologia 28(1), 27-35.

Nawar, M.S. , Nasr, A.K. (1991). *Lasioseius athiasae*, uma nova espécie do Egito (Mesostigmata: Ascidae). Acarologia 32(4), 297-301.

Nour-Eldin, F. (1959). Citrus virus disease research in Egypt. In: Wallace, J.M. (ed.). *Citrus Virus*

Disease. (Berkeley, Califórnia, EUA: Divisão de Ciências Agrícolas, Universidade da Califórnia), pp. 219-227.

Ortu, S., Lentini, A., Acciaro, M. (2001). Observações preliminares sobre a infestação de *Tropinota squalida* (Scopoli) dans les vignobles en Sardaigne - IOBC Wprs Bull 24 (7): 113-116.

Ortu, S., Lentini, A., Pilo, C., Foxi, C.(2003). Observação sobre a eficácia de diferentes armadilhas na captura de *Tropinota squalida* (Scopoli) - IOBC Wprs Bull 26 (8): 163-166.

Paulson, G.S. , Beardsley, J.W. (1986). Desenvolvimento, oviposição e longevidade de *Aleurothrixus floccosus* (Maskell) (Homoptera: Aleyrodidae). Actas da Sociedade Entomológica Havaiana 26(1), 97-99.

Peever, T.L., Su, G., Carpenter-Boggs, L., Timmer, L.W.(2004). Sistemática molecular de espécies de Alternaria associadas aos citrinos. Mycologia 96, 119134.

Pinto, M. ., Bue, P. ., Peri ,E., Agrò, A., Liotta, G., Colazza, S.(2002). Respostas de Aphytis chilensis à feromona sexual sintética da cochonilha Oleander. Utilização de feromonas e outros semioquímicos na produção integrada Boletim IOBC wprs Vol. 25:1-6.

Prusky ,D., Kobiler I., Akerman ,M., Miyara, I.(2006). Efeito de soluções ácidas e procloraz ácido no controlo da podridão pós-colheita causada por *Alternaria alternata* em frutos de manga e dióspiro. Postharvest Biology and Technology 42 : 134-141.

Putnam, A.R. ; M. G. Nair e G.P. Parnes (1999). Allelopathy aviable Weed Control Strategy. UCLA - Symp. Mol-Cell-Biol. Nova Iorque, N.Y. Wiley- Tiss, Ins. 112: 317 - 322.

Raeda A. Awamleh, Hamza M. Bilal e Tawfiq M. Al-Antary (2009). Avaliação da eficácia de insecticidas convencionais e não convencionais na cochonilha do figo *Ceroplastes rusci* L. (Homoptera: Coccidae) e no seu parasitoide, *Scutellista Cyanea* Motsch (Hymenoptera: Pteromalidae). Jordan Journal of Agricultural Sciences, 2: 187-191.

Rasmy, A.H.,El-Banhawy, E.M. (1974). Comportamento e bionomia do ácaro predador, *Phytoseius plumifer* (Acarina: Phytoseiidae), afectados pelas caraterísticas físicas da superfície das plantas hospedeiras. Entomophaga 19(3), 255-257.

Rasmy,A.H.(1969). Respostas das populações de ácaros fitófagos e predadores em citrinos à interrupção da pulverização. The Canadian Entomology, 101:1078-1080.

Rasmy,A.H., Zaher,M.A.,El- Bagoury, M.E.(1972). A abordagem ecológica da gestão do ácaro da ferrugem dos citrinos *Phyllocoptruia oleivora* (Ashm.).Zeitschrift für angewandte entomologie, 11,1, 68-71.

Rawhy, S., Fahmy, M., El-Shimy, A., Rofail, F. , El-Assy, S. (1973). Avaliação de novos insecticidas para o controlo de certas cochonilhas na pulverização de verão. Agricultural Research Review 51(1), 37-41.

Rawhy, S.H., Rofail, F., Hanafi, M.A., Abou-Setta, M.M., Mahmoud, S.F. , Ghabbour, M. (1980). Relação entre a pulverização de verão para controlar certas cochonilhas e a percentagem de citrinos sãos. Agricultural Research Review 58(1), 259-263.

Rizk, G.A., Karaman, G.A. , Ali, M.A. (1979). Densidades populacionais de ácaros fitófagos e predadores em árvores de citrinos no Médio Egito. Bulletin de la Societe Entomologique d'Egypte 62, 97-103.

Rose, M. , DeBach, P. (1994). A mosca branca lanosa dos citrinos, *Aleurothrixus floccosus* (Homoptera: Aleyrodidae). Vedalia 1, 29-60.

Salama ,H.S. , Amin , A.H.(1983). Controlo químico das cochonilhas (Homoptera: Coccidae) que infestam os citrinos no Egito. Proteção das culturas, 2 (3): 317-324.

Salama, H.S., Abdel-Salam, A.L., Donia, A. , Megahed, M.I. (1985). Estudos sobre a população e o padrão de distribuição de *Parlatoria zizyphus* (Lucas) em pomares de citrinos no Egito. Ciência dos Insectos e sua Aplicação 6(1), 43-47.

Salinas, M.D., Sumalde, A.C., Calilung, V.J. , Bajet, N.B. (1996). História de vida, abundância sazonal, gama de hospedeiros e distribuição geográfica da mosca branca da lã, *Aleurothrixus floccosus* (Maskell) (Homoptera: Aleyrodidae). Philippine Entomologist 10(1), 67-89.

Sasscer ER. (1915). Importantes pragas de insectos recolhidas em viveiros importados em 1914. Jornal de Entomologia Económica 8: 268-270.

Satour, M.M., El-Sherif, E.M., El-Ghareeb, L., El-Hadad, S.A. , El-Wakil, H.R. (1991). Realizações da solarização do solo no Egito. FAO Plant Production and Protection Paper 109, 200-212.

Schmera, D., Toth, M., Subchev, M., Sredkov, I., Szarukan, I., Jermy, T. ,Szentesi, A.(2004). Importância das pistas visuais e químicas no desenvolvimento de uma armadilha de atração para *Epicometis* (*Tropinota*) *hirta* Poda (Coleoptera: Scarabaeidae). Proteção das culturas 23: 939 - 944.

Shatla, M.N., Kamel, M. , El-Shanawani, M.Z. (1974). Estudos em estufa sobre o controlo da podridão radicular das lentilhas no Egito. Zeitschrift fur Pflanzenkrankheiten und Pflanzenschutz 81(2-3), 95-99.

Sherief, E. A. H., EL-Deeb, M. A., EL-Zohairyi, M. M. , Desuky W. (2003). Avaliação das perdas por despedimento e níveis de decisão económica da população adulta *de Tropinota squalida* Scop.

(Coleoptera, Scarabaeidae). Egyptian Journal of Agricultural Research 81(2): 467- 490.

Shifeng, C., Yonghua, Z., Shuangshuang, T., Kaituo ,W.(2008). Melhoria do controlo da podridão antracnose em nêspera através de um tratamento combinado de *Pichia membranifaciens* com $CaCl_2$. Jornal Internacional de Microbiologia Alimentar 126 : 216-220.

Sinacori, A. ,Mineo, N. (1997). Duas novas plantas hospedeiras de *Prays citri* e *Contarinia* sp. *citri*. Informatore Fitopatologico 47(7-8), 13-15.

Smith, D., Beattie, G.A.C. , Broadley, R. (1997). *Citrus Pests and their Natural Enemies: Integrated Pest Management in Australia.* Série de informações Q197030. (Brisbane, Austrália: State of Queensland, Department of Primary Industries e Horticultural Research and Development Corporation), 263 pp.

Soliman, A.A., Attiah, H.H. , Wahba, M.L. (1973). Estudos biológicos preliminares sobre *Tetranychus neocaledonicus* Marc Andre. In: Daniel, M. e Rosicky, B. (eds). Actas do 3rd Congresso Internacional de Acarologia realizado em Praga de 31 de agosto a 6 de setembro de 1971. (Praga, Checoslováquia: Academia; Haia, Países Baixos: Dr. W. Junk B.V.), pp. 251-254.

Soliman, Z.R. ,Abou-Awad, B.A. (1979). Uma nova espécie do género *Phyllocoptruta* na A.R.E. (Acarina: Eriophyoidea: Eriophyidae). Acarologia 20(1), 109-111.

Stainton, H.T.(1856). Descrições de três espécies de micro-lepidópteros indianos. Transactions of the Entomological Society of London (n.s.) 3: 301-304.

Sternlicht, M., Barzakay, I., Tamim, M. (1990). Gestão de *Prays citri* em pomares de limão através da armadilhagem em massa de machos. Entomologia Experimentalis et Applicata*, 55*, 59-67.

Stumpf ,C.., Daniel ,L. ., Thomas, C.,Kevin V., Michael ,R .(2007). Atividade inseticida e modo de ação de novos nicotinóides sintetizados pela química de novos sais de acilpiridínio e litiação dirigida. Pesticide Biochemistry and Physiology 87 : 211-219.

Sweilem, S.M., El-Bolok, M.M. ,Abdel Aleem, R.Y. (1984). Estudos biológicos sobre *Parlatoria ziziphus* (Lucas) (Homoptera - Diaspididae). Bulletin de la Societe Entomologique d'Egypte 65, 301-317.

Tarabeih, A.M., Sheir, H.M., Fegla, G.I. , El-Mahdy, A.R. (1977). Açúcares redutores de citrinos infectados com *Alternaria citri*, Oospora citri-aurantii e *Penicillium digitatum*. Egyptian Journal of Phytopathology 9, 87-89.

Tawfik, M.F.S., Awadallah, K.T., Swailem, S.M., El-Maghraby, M.M.A. (1976). A biologia de *Cardiastethus nazarenus* Reuter (Hemiptera - Heteroptera: Anthocoridae). Boletim da Sociedade Entomológica do Egito 60, 239-249.

Teresa, P. C., Immaculada ,V., Josep ,U.,Carla, C., Cristina ,S., Neus,T.(2008). Controlo de doenças pós-colheita em citrinos através da aplicação pré-colheita do agente de biocontrolo *Pantoea agglomerans* CPA- 2 Parte I. Estudo de diferentes estratégias de formulação para melhorar a sobrevivência das células em condições ambientais desfavoráveis. Biologia e tecnologia pós-colheita 49: 86-95.

Tolba, M.R. (1997). A utilização de *Anagallis arvensis* como moluscida vegetal no controlo de alguns caracóis terrestres helicídeos no norte do Egito. Jornal da Sociedade Alemã Egípcia de Zoologia 24(D), 1-15.

Toth, M., Imrei, Z., Szarukan, I., Voigt, E., Schmera, D., Vuts, J., Harmincz, K. ,Subchev, M.(2005). Comunicação química dos escaravelhos que danificam os frutos e as flores: resultados de uma década de investigação. Novenyvedelem 41:581-588.

Vacante,V.(2010). Citrusmites : Identificação, Bionomia e Controlo. www.Cabi.Org.,3-371.

Van Driesche, R., Lyon, S., Stanek, E., Xu ,Bo., Nunn, C.(2006). Avaliação da eficácia de *Neoseiulus cucumeris* para o controlo de tripes florais ocidentais em culturas de cama de primavera. Controlo Biológico 36 : 203-215.

Van Lenteren, J.C. , Noldus, L. (1990). Relações mosca-branca-planta: Aspectos comportamentais e ecológicos. In: Gerling, D. (ed.). Whiteflies: their Bionomics, Pest Status and Management. (Andover, Reino Unido: Intercept Limited), pp. 47-89.

V argas, R. I., Harris, E. J., Nishida ,T. (1983). Distribuição e Ocorrência Sazonal de *Ceratitis capitata* (Wiedemann) (Diptera: Tephritidae) na Ilha de Kauai nas Ilhas Havaianas. Environmental Entomology. 12(2): 303-310.

V ulic, M. , Beltran, J.L. (1977). A mosca branca *Aleurothrixus floccosus*, uma praga grave das culturas de citrinos. Zeitschrift fur Pflanzenkrankheiten und Pflanzenschutz 84(4), 202-214.

V uts, J., Imrei, Z., Tóth, M.(2007). Melhoria da atividade de campo do isco floral sintético em *Cetonia a. aurata* e *Potosia cuprea* (Coleoptera: Scarabaeidae: Cetoniinae). Livro de Resumos, 23ª Reunião Anual do ISCE, Jena, Alemanha, 22-26 de julho de 2007, 101 pp.

Wahid, O.A.A. (1999). Estudo comparativo de cinco isolados de *Colletotrichum gloeosporioides* que causam a antracnose da goiaba no Egito e seu controlo. Microbiological Research 154(1), 63-69.

Wakgari, W. , Giliomee, J. (2001). Efeitos de alguns insecticidas convencionais e reguladores de crescimento de insectos em diferentes fases fonológicas da cochonilha de cera branca, *Ceroplastes destructor* Newstead (Hemiptera: Coccidae) e dos seus parasitóides primários, *Aprostocetus ceroplastae* Girault) (Hymenoptera: Eulophidae). International Journal of Pest Management, 47(3):

179-184.

Waxman, M.F.(1998). Agrochemical and Pesticide Safety Handbook Boca Raton Boston London New York Washington,D.C.PP.635.

Weems, H. V. (1981). Mosca da fruta do Mediterrâneo, *Ceratitis capitata* (Wiedemann) (Diptera; Tephritidae). Circular de Entomologia No. 230. Fla. Dept. Agric. and Consumer Serv., Division of Plant Industry.

White, I.M. (2006). Taxonomia dos Dacina (Diptera: Tephritidae) de África e do Médio Oriente. Memória de Entomologia Africana, 2, 1-156.

White, I.M., De Meyer, M. , Stonehouse, J. (2001), A review of the native and introduced fruit flies (Diptera, Tephritidae) in the Indian Ocean Islands of Mauritius, Réunion, Rodrigues and Seychelles, p.15-21, in Price, N.S. & Seewooruthun, I. (eds), Proceedings of the Indian Ocean Commission Regional Fruit Fly Symposium, Mauritius, 5-9th June 2000. Comissão do Oceano Índico, Maurícia. 232 pp.

Williams, T., Javier ,V.,Elisa, V.(2003). O inseticida de origem natural Spinosadf é compatível com os inimigos naturais dos insectos? Biocontrol Science and Technology 13: 459-/475.

Xiao, Y., Qureshi ,J., Philip,A. (2007). Contribuição da predação e do parasitismo para a mortalidade do parasita dos citrinos *Phyllocnistis citrella* Stainton

(Lepidoptera: Gracillariidae) na Florida. Biological Control 40: 396-404.

Yao,H., Shiping, T., Yousheng, W.(2004). O bicarbonato de sódio aumenta a eficácia do biocontrolo das leveduras na deterioração fúngica das peras. Jornal Internacional de Microbiologia Alimentar 93: 297-304.

Yoo, S.S. , Kim, S.S. (2000) Toxicidade comparativa de alguns pesticidas para o ácaro predador *Phytoseiulus persimilis* (Acarina: Phytoseiidae) e para o ácaro *Teranychus urticae* (Acarina: Tetranychidae). Jornal Coreano de Entomologia 30, 235_/241.

Yothers, W.W., Mason, A.C. (1930). O ácaro da ferrugem dos citrinos e o seu controlo. Boletim Técnico do USDA 176, 1-50.

Zaher, M.A. , Rasmy, A.H. (1969). Uma nova espécie do género *Tuckerella* da U.A.R. (Acarina: Tuckerellidae). Acarologia 11(4), 730-732.

Zaher, M.A., Afify, A.M., Gomaa, E.A. (1971). Levantamento e biologia de *Agistemus exsertus* Gonzalez na U.A.R., com descrição dos estádios imaturos (Stigmaeidae: Acarina). Zeitschrift fur Angewandte Entomologie 67(3), 272-279.

Zimgahl, R.L. (1999). Fundamentals of Weed Science, 2ª ed., Academic Press, Nova Iorque, Toronto.

Printed by Books on Demand GmbH, Norderstedt / Germany